弘深·科学技术文库

# 物联网新型智能感知技术及其应用

## Artificial Internet of Things:
## Emerging Technologies and Applications

向朝参 宫良一 杨振东 著

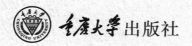

重庆大学出版社

## 内容提要

为解决当前智慧城市中大规模感知网络成本高的关键难题,两种新型智能感知技术被提出和广泛研究,即群智感知技术(利用广大用户现有的感知设备进行感知)和无源感知技术(无需用户配备任何感知设备进行间接式感知)。本书是作者近年来围绕这两种新型智能感知技术的最新研究进展和总结,重点围绕群智感知网络中数据感知质量管理技术和基于信道响应的室内无源感知定位技术进行了系统性研究,所取得的创新研究成果和关键技术突破为新型智能感知技术的应用和推广提供了重要的理论技术支撑。

本书面向广大物联网相关领域的高年级本科生、研究生和科研人员,有助于推动国内物联网新型智能感知技术的推广和应用。

**图书在版编目(CIP)数据**

物联网新型智能感知技术及其应用／向朝参,宫良
一,杨振东著. -- 重庆:重庆大学出版社,2022.10
  ISBN 978-7-5689-3577-7

Ⅰ.①物… Ⅱ.①向… ②宫… ③杨… Ⅲ.①物联网
—智能技术 Ⅳ.①TP393.4②TP18

中国版本图书馆 CIP 数据核字(2022)第 199266 号

**物联网新型智能感知技术及其应用**
WULIANWANG XINXING ZHINENG GANZHI JISHU JIQI YINGYONG
向朝参 宫良一 杨振东 著
策划编辑:荀荟羽
责任编辑:文 鹏     版式设计:荀荟羽
责任校对:谢 芳     责任印制:张 策

\*

重庆大学出版社出版发行
出版人:饶帮华
社址:重庆市沙坪坝区大学城西路 21 号
邮编:401331
电话:(023) 88617190   88617185(中小学)
传真:(023) 88617186   88617166
网址:http://www.cqup.com.cn
邮箱:fxk@ cqup.com.cn (营销中心)
全国新华书店经销
重庆升光电力印务有限公司印刷

\*

开本:720mm×1020mm   1/16   印张:16   字数:230 千
2022 年 10 月第 1 版   2022 年 10 月第 1 次印刷
印数:1—1 000
ISBN 978-7-5689-3577-7   定价:98.00 元

# 前　言

随着社会的不断发展和科技水平的不断提高,信息世界不断向物理世界扩展和延伸,对物理世界大规模透彻的感知越来越重要。感知网络是实现大规模感知的一种重要方式。当前传统的感知网络都需要为了某个特定的应用任务,在某个特定的区域利用专有的设备进行有意识、特定的部署和维护,如有线静态传感器网络和无线传感器网络等,它们在大规模感知中部署和维护成本非常高。随着无线通信和传感器技术的发展以及无线移动终端设备的爆炸式普及,普通用户使用的移动设备集成了越来越多的传感器,拥有越来越强大的计算和感知能力。群智感知网络利用广大用户现有的感知设备和已部署的通信网络实现了大规模的感知,无须专门的部署和维护,解决了当前大规模感知网络成本高这个关键难题,是未来感知网络发展的重要方向。然而,群智感知网络利用普通用户现有的不准确感知设备,导致感知数据不准确、不可靠以及不完整等数据感知质量问题,使感知数据很难直接应用于各种感知应用中。

无源感知是当今物联网智能感知的新兴技术之一,能够帮助智能系统实现基于位置的智能服务。相比传统的主动感知,新型的基于无线设备的无源感知技术无须用户携带任何相关电子设备而对用户的出现、位置甚至身份进行识别。该项技术能够被广泛应用于工厂、家庭场所的安全防护、设备保护、人员管理等领域。室内环境下传统的无线信号强度由于其自身的粗粒度性,在遭受室内多径效应的影响下无法准确地感知人体的存在,导致无源感知性能无法达到令人满意的程度。当今,WLAN 技术得到迅猛发展,其中 IEEE 802.11 a/g/n 协议中所采用的正交频分复用技术为无源感知提供载波水平的细粒度信道响应信息。信道响应包含多载波水平上的信道状态信息,能够刻画室内多径传播特征,为室内细粒度、高精度的无源感知发展提供新的机遇。目前,基于信道响应的无源感知研究在国际上尚处于萌芽阶段,大量的基础问题尚存在且未得到解决,其中包括多载波信道状态信息用于室内无源感知领域的有效性、稳定性和高效性。本书提出利用细粒度、多载波信道状态信息来实现室内无源感知定位技术,推动我国无线室内无源感知技术的发展。

本书分为"新型群智感知技术和应用"和"新型无源感知技术和应用"两个部分。

第一部分围绕群智感知网络中数据感知质量管理技术,主要对它的去伪存真、误差校正和去粗存精 3 个问题,从基于理论模型和基于实际系统两个方面展开深入探讨。首先,针对去伪存真问题,提出基于群智感知数据的真实污染源识别;其次,在准确识别真实污染源的基础上,针对误差校正问题,提出基于群智感知数据的用户感知误差校正;再次,在用户感知误差估计的基础上,针对去粗存精问题,提出用户的感知质量评估;最后,在前面基于理论模型研究的基础上,探究和解决实际群智感知网络系统中的数据感知质量管理问题。具体内容和创新点如下:

①提出基于群智感知数据的真实污染源识别方法,在未知污染源参数和数据感知误差的情况下,利用感知用户的随机游走性和感知数据互验证特性,通过有限次迭代实现真实污染源的准确识别。首先,联合聚类模型和参数估计,以获得候选的污染源和它们的参数估计值;其次,基于最大期望方法(Expectation Maximization, EM),提出了一种真实污染源最优识别算法,从候选污染源中准确地识别出真实源;最后,仿真实验验证了所提方法对真实污染源识别的精度。

②提出基于群智感知数据的感知误差自校正方法,仅依靠不准确的用户感知数据,在感知用户不合作校正和无法利用真实信息实现主动校正的情况下,通过多层有限次迭代实现感知误差的自校正。首先,对经典的最大期望方法进行扩展,提出基于两层迭代的感知误差自校正算法,有效地解决了感知事件、污染源参数和感知误差都未知条件下最大期望方法不适用的问题;其次,通过理

论证明算法的收敛性和最优性；最后，仿真实验验证所提方法的校正精度。

③提出基于置信区间的用户感知质量评估方法，在感知质量和污染源都不确定的情况下，实现对用户感知质量的确定性评估。首先，利用基于最大期望的迭代估计算法，得到用户感知质量和污染源参数的最大似然估计值；其次，基于这些估计值，利用最大似然估计的渐近正态性（Asymptotic Normality）和Fisher信息（Fisher information）计算各个用户感知质量的置信区间。最后，仿真实验验证了所提方法得到的置信区间的精度。

④提出基于群智感知网络的室外大规模无线信号强度地图构建方法，并在实际系统中进行验证。首先，通过实际实验观察得出，感知数据既不准确又不完全，且感知误差不服从高斯噪声模型；其次，利用室外无线信号传播模型和用户感知误差校正模型在空间中的内在关系，提出基于群智感知数据的信号强度地图构建方法，以解决在这种非高斯感知误差下感知数据不准确和不完全的问题；最后，搭建实际的基于群智感知网络的无线信号强度地图构建系统，并利用实际系统的实验验证方法的性能。实验结果表明，所提方法能够获得平均误差为8.5 dBm的信号强度地图，比传统基本方法降低57%，为认知无线电的频谱分配和接入端的定制化服务提供有效支撑。

第二部分从细粒度单通信链路下无源感知研究的角度出发，主要针对以下几个方面展开探讨：

①为了降低设备无关被动人体检测现场勘测的开销花费，提高设备无关被动人体检测普适应用性，本书进行了大量的对比实验，提出利用振幅响应信息来量化无线链路对人体移动的敏感度，构建轻量级无源感知人体检测模型，实现自适应无源感知人体检测，降低现场勘测的开销。大量的科学实验结果表明自适应无源感知人体检测精度能够获得低于5%的误报率和漏报率，从而证明利用振幅响应信息感知人体移动的有效性和高效性。

②针对振幅响应对室内人体慢速移动感知能力较低的现象，提出基于相位响应的免校验无源感知人体移动检测。在将网卡中原始的随机相位信息经过

线性变换后，系统提取可用的稳定相位信息。本书提出基于时域相位变异系数的轻量级实时无校验的无源感知人体检测模型，能够降低系统勘测开销，提升设备无关被动人体检测的普适性。大量的实验结果表明该检测模型能够获得低于5%的误报率和高于90%的检测准确度，同时证明了相位响应信息在静态环境下的稳定性以及对人体移动检测的有效性和高效性。

③利用振幅响应信息来实现对接收机无源感知能力的量化评估，从而帮助选择具有高感知度的接收机位置的基础上，提出基于贝叶斯分类原理的细粒度无源感知人体定位模型，提升室内无线设备无关被动定位的范围和精度，降低监测区域内盲点数量。多个场地的实验评估结果表明，当接收机位于高无源感知度位置时，其定位精度比传统的定位技术提升21%，证明了信道响应信息应用于无源感知人体位置估计的有效性。

④基于不同频率信道状态信息的差异性和相关性，提出高精度的室内无源感知定位模型。本书充分利用信道响应特有的室内频率选择性衰减特性，提出两种新颖的单链路条件下的无源感知定位算法，加权贝叶斯定位和最大相似矩阵定位算法，通过利用现有监督学习技术进一步提升室内无源感知定位精度。大量的实验评估表明，该模型能够取得平均小于1 m的定位误差，证明了信道响应在无源感知中的稳定性与高效性。

编　者

2022 年 4 月

# 目　录

第一部分

# 新型群智感知技术和应用

# 第1章　新型群智感知技术介绍

## 1.1　背景与意义

随着社会的发展和科技水平的不断提高,物理世界的联网需求与信息世界的扩展需求催生出一种新型的网络——物联网(Internet of Things, IoT)[1]。物联网是一种基于互联网、传统电信网等信息载体,让所有能够被独立寻址的普通物理对象实现互联互通的网络[1]。它具有普通对象设备化、自治终端互联化以及普适服务智能化3个主要特征,能用于智能家居、智能物流、智能交通、军事领域以及环境检测等方面[2]。物联网能够实现万物相连、万物相通,近年来受到国内外学术界和工业界的广泛关注和研究。2009年8月,时任国务院总理的温家宝视察无锡的物联网中心时,提出了"感知中国"的构想,并指出我国将大力发展物联网技术。同样,美国IBM首席执行官彭明盛在2009年1月举行的美国工商业领袖会议中,提出与物联网类似的概念,即"智慧地球(Smart Earth)",时任美国总统的奥巴马对此给予高度评价,并将它作为21世纪美国互联网发展的重点。

物联网主要包含4层,即感知识别层、网络构建层、管理服务层和综合应用层[2]。其中,作为连接物理世界和信息世界的桥梁和纽带,感知识别层是物联网的核心[2]。传统的感知网络主要包括有线静态传感器网络和无线传感器网络(Wireless Sensor Networks, WSN)。有线静态传感器网络是最传统、最简单的感知网络。例如,在城市交通视频监控网络中,各个静态部署的传感器将感知的数据通过地面部署的有线网络传输到中心服务器。这种传感器网络的缺点是部署成本高,部署后很难重新调整。无线传感器网络利用大量低成本、低功耗的传感器,通过无线通信的方式形成多跳自组织网络,可以有效地克服有线静态传感器网络成本高、动态调整性差的缺点。无线传感器网络被广泛用于军事、救灾、环境、医疗以及工业等领域。但是,无线传感器网络需要为了某个特定的应用任务在某个特定的区域进行专门部署和维护,在物联网的大规模、细粒度、全面透彻的感知中,部署和维护成本非常高。例如,清华大学在无锡利用无线传感器网络建立和部署了城市环境监控网络系统 CitySee[3],这个系统只部署了一个覆盖单个社区的 2 000 个传感器节点的网络,就耗费了 2 000 多万元。如果利用无线传感器网络部署覆盖一座城市、一个国家甚至全世界的感知网络,它的部署和维护成本将难以想象。

随着无线通信和传感器技术的发展,以及无线移动终端设备的爆炸式普及,普通用户使用的移动设备(如智能手机和平板电脑等)集成了越来越多的传感器,拥有越来越强大的计算和感知能力[4]。利用众多普通用户现有移动设备中的传感器进行感知,通过已部署的移动互联网(如蜂窝网和 Wi-Fi 等)进行数据传输,形成了一种新兴的感知网络,即群智感知网络(Crowd-Sensing Networks)[5-6]。群智感知网络利用现有的感知设备和已部署的通信网络,无须专门部署和维护,大幅度地降低了成本。同时,手机等移动设备使用的普适性以及用户的自然移动性,群智感知网络能够以非常低的成本实现大规模和细粒度的感知。群智感知网络能够很好地解决当前大规模感知网络成本高这个关键难题,近年来受到学术界和工业界的广泛讨论和研究[6-8]。

群智感知网络是近几年出现的一个新兴研究领域,其研究还处在一个初级阶段。要将它实现和大规模应用还有很多问题需要解决[6-7],其中关键的问题是数据感知质量管理。群智感知网络利用用户现有的感知设备和已部署的网络,大量未经训练的用户和不准确的感知设备导致感知数据不准确、不可靠、不完整、不一致和不及时等问题,很难直接应用于各种感知应用中。对感知数据进行质量管理,便于感知应用的使用,是实现群智感知网络的关键。数据感知质量管理技术的研究对群智感知网络的实现以及物联网的进一步发展具有重要意义。

## 1.2 国内外研究现状

### 1.2.1 传统无线传感器网络的概述

随着微电子技术、计算机技术以及无线通信技术的高速发展,使制造低成本、低耗能且具有感知、处理和通信能力的传感器成为可能[2, 9]。传感器作为信息获取的一种重要方式,与通信技术和计算机技术共同构成信息领域的三大支柱。近年来,基于大量传感器构成的无线传感器网络被提出,并被广泛用于军事、救灾、环境、医疗和工业等领域[10]。无线传感器网络是指"**由大量低成本和低功耗,具有感知、计算和通信能力的传感器通过无线通信的方式形成的一个多跳自组织网络**"[10]。

无线传感器网络一般由多个传感器节点(Sensor)和汇聚节点(Sink)组成。传感器节点通过无线通信,以自组织网的方式,将感知数据传送到汇聚节点。汇聚节点再将感知数据通过与它相连的外部网络(如互联网等)传送出去。无线传感器网络具有成本低、网络自组织、动态调整性强以及便于部署等优点。目前,国内外已有很多实际部署的大型无线传感器网络用于各个领域的信息感知。例如,美国弗吉尼亚大学(University of Virginia)开发和部署了无线传感器网络系统 VigilNet[11],用于军事领域中的敌人监视和跟踪。美国加利福尼亚大学伯克利分校(University of California, Berkeley)部署的 Trio 系统[12],利用无线传感器网络对目标进行监控和跟踪。香港科技大学和中国海洋大学联合开发的 OceanSense 系统[13],在山东省青岛市的黄海上部署了基于无线传感器网络的海洋环境监控系统。香港科技大学和浙江农林大学合作开发的 GreenOrbs 系统,在浙江省临安区天目山国家级自然保护区中部署了基于无线传感器网络的森林环境监控系统[14]。清华大学在江苏省无锡市部署了 CitySee 系统[3],利用无线传感器网络来监控城市的环境,如二氧化碳、温湿度以及其他空气污染物。

## 1.2.2　群智感知网络的概述

物联网发展到今天,对透彻全面感知的需求越来越强烈。已发展了十几年的专门部署的无线传感器网络进入一个新的发展方向,即利用现有的感知设备和已有的通信网络形成的群智感知网络。它和无线传感器网络共同构成了物联网当前两种重要的感知网络。

本节将详细地介绍当前群智感知网络的研究和发展。首先介绍其定义和起源,其次给出其架构和特点,最后将它与传统无线传感器网络进行比较。

### 1）群智感知网络的定义和起源

群智感知网络(Crowd-Sensing Networks)是一种利用广大普通用户现有的、集成大量传感器的移动设备(如手机、平板电脑等)构成的感知网络。它目前还处在初期研究发展阶段,还没有一个统一和严格的定义[4-8]。这里给出一个目前被学术界广泛认可的群智感知网络基本定义:

**"普通用户的移动设备(如手机、平板电脑等)作为基本感知单元,通过移动互联网(如 Wi-Fi、蜂窝网络以及有线网络等)进行有意识或无意识的协作,实现感知任务分发与感知数据收集,完成大规模的、复杂的社会感知任务。"**[4]

在当前计算机领域中,群智感知与参与式感知(Participatory Sensing)[5]、社群感知(Social Sensing)[15]以及众包(Crowd-sourcing)[16]的概念很相似。它们都是以大量普通用户参与为基础,其基本思想都是一致的,即人多力量大,发挥群体的智慧。

虽然群智感知网络是近几年感知网络中提出的一个新概念[5],但是这样的思想在互联网刚刚繁荣的时候就被人提出和应用。《连线》(*Wired*)杂志在2006年提出了一种新的应用方式——众包(Crowd-sourcing)[17],它是指将一个任务以自由自愿的形式外包给互联网中的广大用户来完成。其中有两个典型的众包应用例子:一个是1999—2004年的足不出户外星人搜寻项目(SETI @ home)[18]。它是通过互联网将大量家用个人计算机中的闲置资源利用起来处理庞大的天文数据,以便于搜寻外星人的踪迹。另一个例子是《纽约时报》(*The NewYork Times*)利用广大用户输入验证码来帮助完成大量古老报纸的数字化输入存档。

虽然群智感知类似的思想很早就被提出,以及手机很早被发明和使用,但是直到最近几年群智感知网络才被正式提出和研究。这主要是因为最近几年下面4种技术发展的强力推动:

(1)传感器技术的飞速发展

随着微电子和嵌入式等技术的飞速发展,传感器价格越来越低廉、耗能越来越小以及种类越来越繁多[2],这极大地推动了智能手机集成大量的、各种功能的传感器。如图1.1所示,目前智能手机常见的传感器通常包括加速度计(Accelerometer)、陀螺仪、指南针、GPS、麦克风、摄像头、距离传感器(Proximity sensor)、光照传感器(Ambient light sensor)以及各种无线信号(如GSM、Wi-Fi和蓝牙)检测器。随着传感器成本的不断降低,今后越来越多的传感器将集成到智能手机中,如化学污染检测传感器、心电图传感器以及空气质量检测传感器等[7]。

(2)智能手机的普及使用

群智感知网络是广大普通用户参与的网络,以参与用户数量规模大为前提。近年来智能手机的广泛使用和普及为群智感知网络的发展提供了必要条件和推动力量。据国外调查机构统计,截至2021年年底,全球智能手机使用数量已达到39亿,预计到2024年将突破45亿,大约占全世界总人口数的56%。

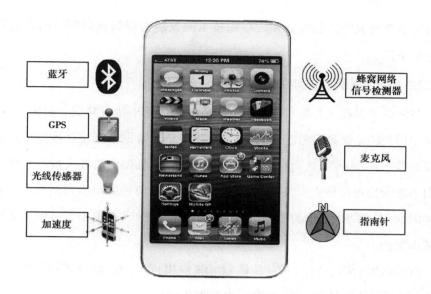

蓝牙

GPS

光线传感器

加速度

蜂窝网络
信号检测器

麦克风

指南针

图 1.1　智能手机中常见的传感器

（3）智能手机的开放性和应用商店的兴起

近年来,智能手机的研究和开发蓬勃发展。智能手机的计算、存储、通信和感知能力不断增强。这为手机上运行各种感知应用程序提供了必要条件。同时,手机制造商为手机软件开发提供了很多便利的接口,如手机的安卓系统开发接口,使智能手机应用程序开发很简单和方便,各种各样的手机应用软件大量出现。据统计,2022 年苹果应用商店(App Store)中总应用程序数量超过了180 万个。

很多开发商提供了一个公共的网上应用程序商店,便于开发者的软件发售以及用户的购买和下载,如豌豆荚和苹果应用商店等。应用商店的出现极大地推动了手机应用程序发布的规模和速度,有助于实现大规模的群智感知网络。

（4）高处理和存储能力的计算中心的出现

随着计算机硬件技术的发展,计算机的计算和存储能力不断增强。同时,云计算(Cloud Computing)和云存储技术不断发展,并被工业界广泛使用[21],如亚马逊云存储和 163 云存储邮箱等,这使得大规模数据的存储和处理成为可能。在群智感知网络中,用户数量众多和感知数据种类复杂,导致它的感知数据总量非常庞大[4]。云计算和云存储技术的发展为群智感知网络的兴起提供了必要条件。

**2）群智感知网络的架构**

目前学术界和工业界对群智感知网络的架构尚未达成共识。例如,一些专家基于用户隐私保护的考虑,认为用户的原始感知数据不应该直接传送到云中心服务器;另一些专家认为在用户手机端处理原始数据将消耗大量的电能以及占用手机的处理存储资源,从而阻碍更多的用户参与到群智感知网络中。考虑上述因素,本书综合了群智感知网络的几种不同架构[6-7],提出了如图1.2所示的基本架构。

按照数据的感(感知)、传(传输)和用(应用)的流程,群智感知网络可分为3层:感知层、传输层和处理应用层,如图1.2所示。

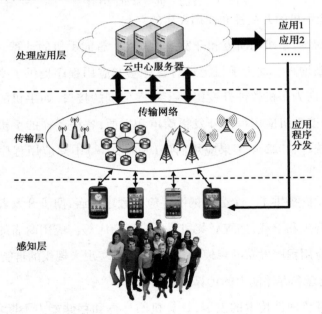

图1.2　群智感知网络的架构图

**(1)感知层**

感知层是群智感知网络中数据获取的基本层和核心层。它利用智能手机等移动设备上集成的大量传感器对物质性质、环境状态、行为模式以及人的状态等信息进行感知。例如,加速度传感器可以感知物体运动的加速度以及城市道路的平坦程度等信息[22];麦克风可以感知城市的噪声污染水平[23-24];GPS传感器和Wi-Fi信号检测器可以感知物体的位置和速度等[25]。在感知层,当前大部分研究主要关注手机感知数据过程中的能量节省和隐私保护。例如,很多群智感知应用需要手机进行连续感知,如人的社交关系感知,但是考虑手机的能量有限,文献[15]研究和解决在不丢失有用数据的前提下,如何降低感知频率来降低手机耗能等。

(2)传输层

传输层的主要作用是把下层(感知层)感知的数据传送到云中心服务器中。群智感知网络利用已部署的网络设施进行数据传输。由于用户众多和庞杂,且每个用户的设备以及所能连接的网络各不相同,因此,传输层包含的网络众多。首先,互联网以及下一代互联网是群智感知网络传输层的核心网络;其次,各种无线网络被广泛利用。例如,无线广域网包括现有的移动通信网络以及其升级技术(4G和5G)是群智感知网络中将用户手机感知的数据传送到中心服务器的一种主要方式。随着当前Wi-Fi大面积部署和使用,无线局域网可为一定区域内(如家庭、校园、街道和商场等)的用户提供通信网络。无线局域网(如蓝牙)可以将部分用户的感知数据通过其他用户的中继,传输到中心服务器。此外,由于可能有些用户在某些场景或者某些时间内没有任何网络可获取,因此,容迟网络技术(Delay Tolerant Network,DTN)[26]可被用来将感知数据传送到中心服务器[27]。在群智感知网络中,数据通信的可靠性和实时性不能得到保证。

(3)处理应用层

大量的感知数据被传输层中的各种网络传送到云中心服务器中。在处理应用层,云中心服务器对这些感知数据进行存储和处理,以实现各种应用任务。但是,在群智感知网络中,由于大量未经训练的用户作为基本的感知单元,因此,感知数据存在不精确、不完整、不一致和不及时的问题。同时,用户感知设备的多样性以及感知方式的随意性使感知数据的质量参差不齐[28]。对感知数据进行去伪存真、误差校正以及去粗取精的处理是实现群智感知网络的重要一环。如果数据不被处理,这些不准确、不可靠和不完整的数据很难用于各种应用中,将成为一堆无用的数据。处理应用层是群智感知网络的重要一环。

另外,在处理应用层中,各种群智感知应用程序被发布到广大用户中。例如,服务提供商将应用程序发布到应用商店中,用户通过上网到应用商店中下载和安装这个程序到手机中,从而参与相应的群智感知应用。

**3)群智能感知网络的特点**

基于上面所述的群智感知网络基本架构模型,群智感知网络的主要特点可以概括如下:

(1)以低成本实现大规模和细粒度的感知

由于群智感知网络利用用户现有手机中的感知设备进行感知,同时,用当前已部署的网络进行数据传输,无须部署和维护感知设备和传输网络,群智感知网络的成本被大大降低。此外,由于手机使用的普适性、用户分布的广泛性和自然移动性,群智感知网络能够实现大规模、细粒度的感知,如城市环境感知[23]等,因此,群智感知网络能够以非常小的耗费实现大规模、细粒度的感知。这是群智感知网络相对于当前传统的感知网络(如无线传感器网络)最突出的优势,也是它近年来受到学术界和工业界广泛关注和追捧的主要原因。

(2)用户无意识性和不可控制性

为了避免给感知用户带来更多的负担,鼓励用户参与感知网络中,群智感知网络不干预用户手机的正常使用,也不要求用户手动地参与感知,如用户手动地输入一些信息和反馈等。感知任务都是自动地在用户手机中进行,用户是无意识的。

由于用户是自愿参与感知,且大部分都是未经训练,系统对众多用户的可靠性以及感知设备的性能等信息了解很少,因此用户的设备性能很难控制。同时,群智感知网络中的用户都是松散组织,系统很难对用户进行控制,如使感知用户配合校正感知设备等[28]，用户的行为和感知设备性能不可控制。

（3）感知数据的不准确性和不可靠性

基于成本和能耗的考虑，当前大部分智能手机都是集成低成本、低功耗的传感器，其感知数据不准确、误差很大。进一步，用户设备的多样性且各种感知设备的精度差别较大，使得感知数据的误差各不相同。此外，感知用户的行为不可控制，导致感知的数据不可靠[29]。例如，用户为了节约电量，关闭手机或者感知程序；用户上报虚假感知数据到中心；网络的不可获得导致数据传输的不可靠等。

### 4）群智感知网络与无线传感器网络的比较

在大力发展了十几年如何利用特定的有意识部署的传感器网络提供感知服务之后，物联网下一步发展的重要方向是如何把无意识的现有设备提供的感知能力融合起来，即群智感知网络。群智感知网络是当前传统无线传感器网络的一种新发展，共同构成了物联网中两种重要的感知网络。它与无线传感器网络之间既有联系又有区别。

（1）群智感知网络和无线传感器网络之间的联系

它们都是感知网络，都能实现大规模、细粒度的感知任务。从本质上讲，群智感知网络是一种特殊的无线移动传感器网络，即用户现有手机中的感知设备作为传感器，手机的无线通信网络（如蜂窝网络、Wi-Fi 等）作为传感器网络中的无线通信网络，自然移动的用户作为传感器移动的载体。群智感知网络是无线传感器网络的一种新发展。

（2）群智感知网络和无线传感器之间的区别

作为无线传感器网络的发展，群智感知网络与它存在很大的区别，主要表现如下：

①无线传感器网络需要为了某个特定的应用任务在某个特定的区域有意识地进行专门部署和维护，耗费大；群智感知网络利用用户现有的感知设备和网络通信设施，无须专门部署和维护，耗费小。这是群智感知网络较之传统无

线传感器网络的最大优势。

②无线传感器网络能够对各个传感器的性能和行为进行控制,如部署前校正传感器等;群智感知网络对每个用户感知设备的性能了解很少,同时,对用户的行为无法控制,这给群智感知网络的实现带来巨大的挑战。

③无线传感器网络能够保证精准的数据感知和可靠的数据传输;群智感知网络却不能保证,只能依靠参与感知用户的规模性以及感知数据的多样性来解决数据的不准确和不可靠问题。

## 1.2.3　群智感知网络的研究现状和挑战

群智感知网络可广泛应用在日常生活的各个方面,如交通、环境以及社交等[7]。目前,关于各个应用领域的群智感知网络已有大量的研究成果,并提出了很多实际系统。根据应用领域来分类,当前研究工作可以分为环境感知、公共基础设施感知以及社会感知 3 类[7]。

### 1)环境感知

群智感知网络适用于感知人们日常生活环境的各种信息,以避免各种环境污染带来的伤害以及方便人们的生活出行。当前的群智感知环境系统可分为以下两种:

（1）利用群智感知网络对环境的空气质量进行监控的系统

CommonSense 系统[30]利用一个便携的手持空气质量感知设备与用户的手机相连,构建了一个城市空气质量监控系统。首先,它通过对参与的普通用户、专家以及管理部门的调研,提出了数据收集和知识表示的设计原则和框架;其次,设计了一个以用户为中心的系统来分析空气质量感知数据。与传统其他系统不同的是,这个系统将数据分析任务分解到各个具体的小应用中,便于充分利用各个感知数据。SensorMap 系统[31]利用各辆汽车上安装的空气质量感知设备来构建城市空气质量监测网。这个系统主要关注系统实现,文献[31]只简单地介绍了这个系统的实现框架。Peir 系统[32]充分利用 Web 网的分布式处理能力和用户手机的个人移动感知能力,构建了一个监控用户所处环境的系统。它主要解决和实现 4 个关键技术,即 GPS 数据收集、基于隐马尔可夫的用户行为分类[HMM(Hiden Markov Model)based Activity Classfication]、位置数据的自动划分以及环境影响与人行为的关系模型构建。同时,这个实际系统在 2008 年基于 30 个志愿者运行了 6 个月,文献[32]根据这些实验数据对这个实际系统的性能进行分析和评估。

(2)利用群智感知网络对城市的噪声污染程度进行感知的系统

文献[23-24]利用智能手机中的麦克风和 GPS 传感器来感知和构建城市噪声分布地图,实时监控城市噪声污染情况。基于一个噪声计算模型,利用十阶数字滤波器(Tenth-order Digital Filter),根据手机麦克风采集的感应电压值来计算噪声水平。感知用户的不可控性和不可靠性,导致感知数据不完全,大部分位置都没有感知数据。针对这个问题,文献[23]利用噪声感知数据在空间的相关性,基于压缩感知(Compressive Sensing, CS)方法,将稀疏的感知数据恢复成完整的噪声地图。

**2)公共基础设施感知**

群智感知网络常被用来对城市的公共基础设施进行感知和监控,如道路交通以及城市停车位等。

(1)对道路交通的监控

CarTel 系统[27]利用汽车上配备的专有设备(如 GPS、摄像头以及 Wi-Fi 检测器)对道路情况进行感知,如道路交通、道路周边 Wi-Fi 接入点的通信质量等。在这个系统中,各个汽车利用携带的传感器和计算设备采集和局部处理感知数据,通过公共无线网络(如 Wi-Fi)将感知数据传到中心数据库,便于进一步分析和可视化显示,为各个用户提供交通情况的实时查询服务。同时,这个系统在一个基于 6 台汽车上的小型部署系统中运行了一年。CarTel 系统要求各个汽车配备专有的传感器,成本较高。为了解决这个问题,Nericell 系统[22]充分地利用汽车驾驶员手机上的各种传感器(如加速度计、GPS、麦克风、蜂窝信号检测器等),无须额外的专有设备和部署就能对城市交通和道路质量(如凹凸不平)进行监控。文献[22]主要侧重于研究 Nericell 系统的感知模块。首先,针对手机中加速度传感器的感知数据无方向性,提出了一种虚拟定向算法来确定加速度感知数据的方向,并基于一个简单的阈值来检测道路的颠簸和空穴;其次,利用手机中麦克风感知数据来识别喇叭蜂鸣声;再次,提出了一种利用手机感知的蜂窝基站信息对手机进行粗略定位的方法,以便于节能;最后,为了进一步地节能,提出了一种触发感应技术(Triggered Sensing),利用低耗能传感器的连续感知,来触发高耗能传感器,从而减少高耗能传感器的感知频率和次数。GPS 传感器耗能大,同时很多环境下 GPS 感知数据不可获得(如建筑物密集的街道中),针对这个问题,VTrack 系统[34]仅仅利用手机上低耗能的 Wi-Fi 信号检测器来估计城市交通的拥堵情况。针对 Wi-Fi 信号定位误差大的问题,文献[34]利用基于隐马尔可夫的地图匹配机制和行走时间估计方法,对稀疏感知数据进行插值以识别出用户最大可能经过的路径,同时将行走时间匹配到该路径中。BikeNet 系统[35-36]利用骑行爱好者自行车上配备的各种传感器和智能手机,对骑行道路周围的空气质量和道路情况进行感知和分享,使骑行者对环境有一个实时的了解,以便路径选择和达到最优骑行体验。CrowdAtla 系统[37]针对当前电子地图更新不及时、更新成本高的问题,利用城市中大量用户手机和汽车的 GPS 传感器的感知数据来构建一个实时更新的城市道路地图。利用基于隐马尔可夫的地图匹配算法来检测 GPS 感知数据与当前地图道路之间是否有差异。如果检测到存在,则用一种基于聚类的地图推理算法将新的道路轨迹更新到地图中。同时,文献[37]在上海市 $4.5~\mathrm{km}^2$ 的街区搭建了一个实际的基于群智感知网络的城市道路交通地图实时更新系统。

文献[38]提出了一种基于群智感知网络的公交车到达时间实时预测感知系统。它主要利用各个公交车上众多乘客的手机自动感知和上传当前位置和时间等信息到中心服务器,从而使中心服务器可以对公交车的到达时间准确、实时地进行预测。首先,利用手机的麦克风来感知公交车 IC 卡阅读器的蜂鸣声,从而检测用户是否上了公交车,如果检测到已上公交车,则用户的手机自动地感知周围附近的蜂窝基站 ID 号;其次,提出了一种 top-k 蜂窝基站集合序列匹配算法来区分不同的基站序列,并匹配到各个公交车路线上;最后,中心服务器利用收集的用户感知数据以及当前交通状况信息,准确地预测公交车的到达时间。

（2）对城市停车位的监控

Parknet 系统[39]利用汽车上的 GPS 传感器和配备的超声波测距仪对停车位是否空闲进行监控,并将感知数据上传到服务器,从而构建一个城市停车位实时监控系统。针对 GPS 感知数据精度低的问题,这个系统利用环境指纹（Envirnment Fingerprint）来提高定位精度。这个系统需要在汽车上配备专有的超声波测距仪,它的成本较高,且很难大规模地实现。为了解决这个问题,ParkSense 系统[25]不需要汽车配备任何专有感知设备,只需驾驶员现有手机就可以对停车位实时、自动地进行监控。它利用了手机上低耗能的 Wi-Fi 信号感知设备,既降低了系统的成本,又节省了手机感知的能耗。具体地,它提出了一种 Wi-Fi 指纹匹配方法来判断用户是否回到停车位,同时,利用 Wi-Fi 指纹的变化速率来检测用户是否将车开走,从而准确地感知停车位是否空闲。文献[25]通过实验得出一个很重要的观察,即手机 Wi-Fi 指纹的变化速率能够很好地表征手机的移动速率。

3）社会感知

手机经常随时随地被携带在人们身边,这为记录人的社会行为提供了一种很好的方法。群智感知网络可以为研究人类的社会行为提供一种新的、便利的途径,它利用用户随身携带的手机对用户的社会行为等信息进行感知,如运动时间、交往人数和次数等,然后社会行为科学家通过对大量人群感知数据的分析,研究人类的社会特征,如社交关系、活动性（Interactive）等[15]。这种基于群智感知的方法比传统的问卷调查法和携带附加设备测量法更准确、更客观和更人性化。SocableSense 系统[15]利用手机的蓝牙设备、加速度传感器和麦克风来感知和记录用户与其他人之间的交互信息,然后根据这些感知数据来定量分析用户的社会属性以及活跃程度,为用户提供社交建议。首先,提出了一种基于强化学习机制(Reinforcement Learning Mechnism)的传感器采样方法,自适应地控制加速度传感器、蓝牙以及麦克风的采样速率,以在耗能、感知精度和感知时延三者之间很好地进行折中;其次,提出了一种基于多准则决策理论(Multicriteria Decision Theory)的计算任务分配方法,动态地决定计算任务在何处执行(如在手机上或者云服务器中),以在耗能、计算时延以及网络传输数据量三者之间很好地进行折中;最后,提出了一种社交属性计算方法,基于手机感知的数据来计算用户的社交属性、与朋友关系的强度等,并反馈给用户。另外,群智感知网络还可以感知人们的日常生活,如在 DietSense 系统[40]中,每个感知用户用手机拍下自己每顿吃的食物,并分享到社区中,便于比较每个人的饮食情况。这个系统的一个实际应用是社区中的用户可以观察其他人的饮食,给出建议或者帮助控制。

### 4)群智感知网络中的研究问题

综上,虽然当前有很多关于群智感知网络的研究,提出了一些实际的群智感知网络系统。但是群智感知网络的研究还处在初级阶段,还有很多关键问题需要解决[8]。**群智感知网络中的研究问题**主要包括以下三大类:

### (1)用户的安全隐私保护

群智感知网络的一个重要特征是它潜在地收集用户的个人敏感信息。例如,用户手机的 GPS 位置可以被用来推断用户的一些私密信息,如,他上班以及回家等日常行走路线,可以通过统计他常在的位置推断他的职业、兴趣和爱好等[37]。用户手机的蓝牙和 Wi-Fi 信号检测数据可以被用来推断用户的社交关系,如,他与哪些人遇见过,他在社会交往中是否活跃等[15]。更严重的是,用户手机的麦克风感知信息可以被用来获取用户的日常谈话内容等。另外,在群智感知网络中,分享用户的感知数据可获取很多有价值的信息。例如,大量汽车驾驶员手机的 GPS 感知数据可被用来推断某个城市的道路交通拥塞情况[27]。用户的蓝牙、麦克风感知数据可被社会学科学家用来研究人类社交网络的一些特征和属性等[15]。在群智感知网络中,既要保护用户个人的安全隐私不被泄露,又要确保群智感知应用的实现非常重要,具有很大的挑战。同时,群智感知网络中用户众多,可能存在恶意的用户贡献错误的数据给系统。确保感知数据的完整性(Data Integrity)是一个很重要的问题。

当前有很多传统的保护用户安全隐私的方法。例如,匿名化处理(Anonymization)[41]。这种方法是指在数据分享给第三方之前,将数据中可被用来识别出用户的信息去除掉,如位置信息以及用户的 ID 信息等。这种方法的缺点是不便于群智感知应用的实现,如去除了 GPS 信息很难推断道路交通拥塞情况。另一种保护隐私的方法是安全多方计算(Multiparty Computation)[42]。它利用加密技术来传输数据,以保护数据的隐私。这种方法的计算复杂度很高,并且要产生和维护多个密钥,很难用于大规模的群智感知网络中。当前有很多验证数据完整性的方法,如文献[43-44]提出了一种感知数据签名方法等。总之,虽然当前已有很多传统保护隐私的方法,但是它们都没有完全解决群智感知网络的隐私保护问题。既要保证群智感知网络系统功能的实现又要保护用户的隐私目前还是一个开放的问题。

(2)用户的激励机制设计

在群智感知网络中,当用户在完成感知任务时,可能会耗费自己的能量资源,如手机的电量以及计算资源等。同时,用户分享了自己的感知数据,潜在地受到隐私泄露的威胁[8]。只有当用户得到了对他们资源耗费和隐私泄露威胁等损失足够的补偿后,他们才会有兴趣自愿加入群智感知网络中。更进一步地,群智感知网络的感知质量紧密地依赖大量用户的感知,如果没有足够的用户参与感知,群智感知网络很难达到很高的感知质量。用户激励机制的设计是实现群智感知网络的基础和前提,对群智感知网络的大规模应用具有重要的意义[8]。

目前已有一些关于激励机制设计的研究。文献[45]设计和提出了一种群智感知用户的招募平台(Recruitment Framework),以便应用发起方可以根据用户的行为习惯、时空可得性等方面来选择合适的感知用户。但是,这种方法主要关注用户的选择,没有考虑激励机制的设计。目前关于群智感知网络中激励机制设计的研究还比较少。文献[46]主要考虑群智感知网络中用户的位置私密性,通过实际实验来分析位置私密性公开应得的补偿。最后,它基于这些实验结果提出了一种次高叫价拍卖机制(Sealed-bid Second-price Auction)来计算用户应得的补偿,从而激励用户参与到群智感知网络中。文献[47]提出了一种基于反向拍卖的动态价格设计机制(Reverse Auction based Dynamic Price Incentive Mechanism)。在这种机制中,用户将感知数据卖给服务提供者并宣称一个卖价。目标是使激励耗费最小且稳定,同时保证有足够的用户参与到群智感知网络中。作为目前研究的最新进展,文献[17]考虑群智感知网络中以平台为中心的模型(Platform-centric Model)和以用户为中心的模型(User-centric Model),并分别提出了基于双寡头博弈模型的激励机制(Stackelberg Game based Incentive Mechanism)和基于竞标的激励机制(Auction based Incentive Mechanism)。

(3)数据感知质量管理

群智感知网络利用用户现有的设备进行感知,虽然具有成本低、感知规模大以及粒度细等优点,但同时带来了数据感知质量管理这一巨大的挑战。

群智感知网络依靠普通用户现有手机中的感知设备来获取数据信息,而当前大部分手机中的感知设备都是低成本和低功耗的,导致感知数据的误差很大。同时,用户设备的多样性导致不同用户感知数据的误差各不相同,如不同型号手机感知数据的精度不同。在不同使用方式下手机感知的数据精度也不相同,如手机拿在手里、放在衣服口袋里以及放在背包中。在群智感知网络中,由于用户不可控制,要求用户合作对其手机的感知设备进行校正是很难实现的,因此群智感知网络的感知数据是不准确的。

此外,大部分用户未经训练且不可控制,他们的感知数据不可靠和不完全。

例如,有些恶意用户故意错报数据;用户当前不能获得任何网络连接,数据不能传输到中心等。群智感知网络的感知数据又是不可靠的。

如果不对这些不准确和不可靠的感知数据进行处理,很难直接用于各种感知应用中。数据感知质量管理是实现群智感知网络的关键。换言之,在群智感知网络中,数据获取较容易,关键在于解决感知数据的不准确性和不可靠性问题,即数据感知质量管理。在传统的传感器网络中,传感器可以在部署前进行校正或者其感知误差已知,它们的数据感知质量管理不是问题,而关键在于数据的获取,如传感器如何降低感知耗能,并可靠地将数据传送到中心。

当前有少量关于群智感知网络中数据感知质量管理的研究。文献[29,48-51]只考虑最简单的群智感知网络,即用户的 0-1 感知。例如,用户发现街道内某个特定的位置有垃圾,则上报 1,否则上报 0。但是在大部分的实际群智感知网络中,用户的感知数据远比 0-1 数据复杂,如污染源检测数据、信号强度感知数据等。而在实际复杂的群智感知网络中,数据感知质量管理问题还未解决。文献[23]主要解决群智感知网络中数据不完全的问题,没有考虑感知数据的误差。总体上讲,当前对群智感知网络中数据感知质量管理问题研究还处在初级阶段,还有很多问题没有解决。其中,主要的 3 个问题如下:

①**去伪存真问题**:大量来自用户的感知数据都不准确和不可靠。如何从这些不可靠的感知数据中识别出真实信息,对群智感知网络的应用来说非常关键。但是,用户的感知误差和可靠性都未知且各不相同,使解决去伪存真问题很困难。

②**误差校正问题**:在群智感知网络中,用户低成本的感知设备具有较大的感知误差,导致感知数据很不准确。校正用户的感知误差对提高感知数据精度非常重要。用户感知设备和使用方式的多样性,使用户的感知误差各不相同。同时,感知用户具有不可控制性,很难使他们合作将感知设备校正。在感知用户不合作的情况下,校正用户的感知误差是一个具有挑战性的问题。

③**去粗取精问题**:群智感知网络中用户众多,各个用户的感知质量各不相

同且未知。如何基于大量的用户感知数据对各个用户的感知质量进行评估,以识别出各个用户感知质量的高低。解决这个问题对群智感知网络中感知用户的选择、用户的激励机制设计以及评估感知数据融合精度都非常重要。如何对用户的感知质量进行准确、全面的评估是一个难以解决的问题。

# 1.3　主要内容和创新点

本部分研究群智感知网络中数据感知质量管理技术,主要针对去伪存真、误差校正和去粗存精3个方面的问题展开深入研究。

本部分内容的框架如图1.3所示。首先,基于高斯的感知噪声理论模型,针对感知数据的不可靠性问题,提出了感知误差未知情况下的真实污染源识别方法,解决了数据感知质量管理中的去伪存真问题。其次,针对感知数据的不准确性问题,提出了信息缺失和用户不合作条件下的感知误差自校正方法,解决了数据感知质量管理中误差校正问题。再次,针对用户感知质量的不确定性问题,提出了基于置信区间的用户感知质量评估方法,解决了数据感知质量管理中去粗存精问题。最后,在前面理论模型研究的基础上,探究和解决实际群智感知网络系统中数据感知质量问题。根据实际系统的实验观察,提出了基于群智感知数据的室外大规模无线信号强度地图构建方法,解决了非高斯感知噪声下感知数据的不准确和不完全问题。本部分主要研究内容和贡献具体如下:

①考虑利用群智感知网络进行大规模城市污染源监控场景,研究如何基于不准确和不可靠的感知数据识别出真实的污染源,提出了一种基于群智感知数据的真实污染源识别方法。首先,联合聚类模型和参数估计,以获得候选的污染源和它们的参数估计值;其次,基于最大期望方法,提出了一种真实污染源最优识别算法,从候选污染源中准确地识别出真实源。仿真结果表明,**在未知污染源参数和数据感知误差的情况下,所提方法利用感知用户的随机游走性和感知数据互验证特性,通过有限次迭代实现了真实污染源的准确识别。**

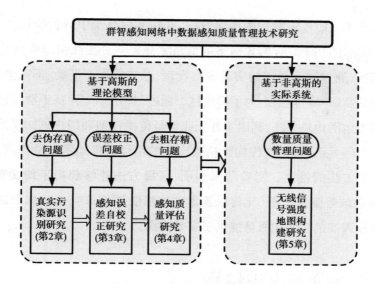

图 1.3　本部分内容的框架

②研究数据感知质量管理中误差校正问题,提出了基于群智感知数据的感知误差自校正方法。首先,对传统最大期望(EM)方法进行扩展,提出了基于两层迭代的感知误差自校正算法,先利用容限估计方法对误差进行粗估计,再逐步提高精度,有效地解决了感知事件未知、污染源参数和感知误差都未知条件下 EM 方法不适用的问题。对算法的收敛性和最优性进行理论分析和证明。理论分析和仿真结果表明,**所提方法仅仅基于不可靠的用户感知数据,在感知用户不合作校正和无法利用真实信息实现主动校正的情况下,通过有限次多层迭代仍然可以实现感知误差的自校正。**

③研究数据感知质量管理中去粗存精问题,提出了基于置信区间的用户感知质量评估方法。首先,利用基于最大期望的迭代估计算法,得到用户感知质量和污染源参数的最大似然估计值;其次,基于这些估计结果,利用最大似然估计的渐近正态性和 Fisher 信息,计算各个用户感知质量的置信区间。仿真实验结果表明,**所提方法解决了感知质量和污染源的不确定性问题,能够对不确定的用户感知质量确定地、准确地进行评估。**

④研究实际群智感知网络系统中数据感知质量管理问题,提出了基于群智

感知数据的无线信号强度地图构建方法,并在实际系统中进行验证。首先,搭建了一个实际的基于群智感知网络的城市大规模室外无线信号强度地图构建系统。其次,通过这个系统的实验观察发现,感知数据不准确、不完全,且感知误差不服从高斯噪声模型。为了解决这个问题,提出了一种基于群智感知数据的信号强度地图构建方法,利用室外无线信号传播模型和用户感知误差校准模型之间的空间关系,通过迭代构建精确完整的信号强度地图。最后,利用实际系统验证了方法的性能。实验结果表明,**所提方法能够获得平均误差为 8.5 dBm 的精确信号强度地图(比传统基本方法降低了 57%),为认知无线电的频谱分配和接入端的定制化服务提供了有效支撑。**

# 1.4　本部分的组织结构

本部分的组织结构如下:

第 1 章首先介绍本部分的研究背景及意义,其次对当前国内外关于群智感知网络的研究现状进行综述,最后介绍本部分的主要研究内容和贡献。

第 2 章针对群智感知数据的不可靠问题,对数据感知质量管理中的去伪存真问题展开研究,提出了一种基于群智感知数据的真实污染源识别方法。

第 3 章针对群智感知数据的不准确问题,对数据感知质量管理中的误差校正问题展开研究,提出了基于群智感知数据的用户感知误差自校正方法。

第 4 章针对用户感知质量不确定问题,对数据感知质量管理中的去粗取精问题展开研究,提出了一种基于置信区间的用户感知质量评估方法。

第 5 章在第 2、3、4 章研究的基础上,搭建了实际的基于群智感知网络的无线信号强度地图构建实验系统,研究这个实际系统中数据感知质量管理问题。针对这个实际系统中非高斯感知误差,提出了一种基于群智感知数据的实际无线信号强度地图构建方法。

第 6 章对本部分内容进行总结,并介绍了本书的后续工作。

# 第2章 基于群智感知数据的
真实污染源识别技术

## 2.1 引　言

随着社会的不断发展和城市化进程的不断加剧,城市的人口和密度在大幅度地提高。据 2011 年统计,我国城市人口已占全国总人口的 51%,这一比重还在继续增长[52]。同时,众多城市居民遭受越来越多的污染威胁,如环境污染、工厂排放的有害污染物以及具有低放射性的脏弹(Dirty Bomd)等。实时地监控城市污染源对城市的发展和安全非常重要,越来越受到人们的广泛关注[54-55]。然而,城市规模大和污染事故突发性强,利用传统的无线传感器网络和移动传感器网络实现城市污染源监控的耗费非常大。近年来,随着传感器技术的快速发展,使其制造成本不断降低,越来越多的传感器将集成到智能手机中,如化学污染检测传感器和空气质量检测传感器等[7]。群智感知网络利用普通用户现有手机中的感知设备,能够很好地解决大规模城市污染源监控成本高这个难题。

基于群智感知网络的城市污染源监控的基本方法如下所述。各个用户利用手机上配备的污染源传感器(或者通过手机蓝牙等方式连接的外置传感器[7]),在日常行走过程中自动地测量污染物浓度和当前位置(如 GPS),然后,通过手机连接的网络将感知数据传送到中心服务器。中心服务器根据大量的感知数据判断污染源是否存在以及估计其相应的位置等参数,并给出预警或者通知相关部门采取应急处理措施[56]。虽然利用群智感知网络实施城市污染源监控的方法很简单,但要真正实现这个系统并不容易。由于用户的不可控以及利用不准确的现有感知设备,导致群智感知数据不可靠和不准确,未经处理和检验的原始感知数据不能直接应用到污染监测中。为了便于进一步地利用这些感知数据,首要任务是解决数据的不可靠问题。获得真实数据是利用群智感知网络构建污染源监控系统的基础。然而,解决这个问题主要面临以下两个方面的挑战:

①现有的方法都需要预先知道用户的感知噪声模型参数[57-58]。但是,在实际的群智感知网络中,感知用户很难合作来处理感知噪声。几乎不能知道他们的感知噪声模型参数,并且,也很难校正这些感知噪声。由于污染源分布广泛,且出现迅速和不可预测,因此很难已知污染源的真实情况以及相关参数。

②在群智感知网络中,除了受感知数据的噪声影响外,真实污染源的识别精度还受数据残缺程度的影响。例如,不受控制且未经训练的感知用户可能未实时地上报感知数据;不可靠的通信网络丢失感知数据。

为了解决上面两个挑战,本章提出了一种基于群智感知数据的真实污染源识别方法。首先,根据感知数据的感知位置将它们进行聚类,一个类的感知数据对应一个候选污染源;其次,利用最大似然估计方法估计各个候选污染源的参数;最后,基于最大期望方法[59],提出了一种真实污染源最优识别算法,从候选污染源中识别出真实的污染源。综上,本章主要有以下3个创新点:

①研究和解决了群智感知网络中真实污染源识别问题。与传统真实源识别问题不同,源参数和数据感知误差都未知。针对这个问题,首先联合聚类模型和参数估计,以获得候选污染源和它们的参数估计值,然后利用迭代算法以实现最优的真实污染源识别。

②基于最大期望方法,提出了真实污染源最优识别算法。首先用这些带有噪声的感知数据来估计污染源的存在性,然后利用这个估计结果反过来估计感知噪声。基于不准确和不可靠的感知数据,通过迭代,有效地识别出真实的污

染源。

③利用感知用户随机游走的特性,联合感知数据的噪声处理和真实污染源的识别,将在某个污染源处估计的噪声模型参数用到其他污染源的识别中,以提高源识别的整体精度,同时很好地解决了感知数据不完全的问题。

## 2.2　系统模型

### 2.2.1　相关工作介绍

近年来,有少量文献研究利用群智感知网络来监控城市大规模环境。例如,文献[30-32]监控城市的空气质量;文献[23-24]利用智能手机的麦克风和GPS 传感器来监控城市噪声污染情况。以上这些环境监控系统都主要关注系统的实现,而未考虑感知数据的不准确性和不可靠性问题。而文献[29,60]考虑了感知数据的不准确性和不可靠性问题。文献[60]研究利用群智感知网络感知很难事先建模的偶发事件,如地震。不同于这个研究,污染源的传播模型可以预先已知和建模,可以利用模型来提高污染源识别的精度。文献[29]提出了一种基于群智感知用户的 0-1 观察数据来获取真假判断的方法。这种方法基于一个假设,即每个用户对所有观察对象的可靠性相同。然而,由于该假设在本章的问题中不成立,因此,它不能很好地解决本章的问题。

此外,当前有大量基于传统的无线传感器网络进行污染源监控的研究工作,主要可以分为两类:污染源参数估计和真实污染源识别。污染源参数估计是指假设或者已知污染源存在,估计污染源的位置和强度等参数;真实污染源识别是指在预先未知污染源是否存在的情况下,判断其存在性。

以前大部分工作都是利用无线传感器网络来监控污染源,估计其参数。一类方法利用经典的统计信号处理方法,如最大似然估计(Maximum Likelihood

Estimation，MLE)[61-63]和贝叶斯估计(Bayesian Estimation)[64]。虽然这类方法的计算复杂度高，但能够达到很高的精度。为了解决计算复杂度高的问题，文献[54，56，65-66]提出了一种基于几何三角形的定位估计方法。这种方法在牺牲一定估计精度的代价下，大大降低了计算复杂度。此外，一些滤波算法也被用来进行污染源参数估计，如卡尔曼滤波(Kalman Filter)[67]和粒子滤波(Particle Filter)[68]。本章采用了最大似然估计方法来估计污染源参数，主要是基于以下原因：在群智感知网络中，参数估计是在计算能力非常强大的云中心服务器中执行，可以牺牲计算复杂度来获得高的估计精度。

当前有很多工作在研究传统无线传感器网络中真实污染源识别问题。平均值检测方法(Mean Detector，MD)[62-63]是一种最简单的真实污染源识别方法。它主要以所有感知数据的平均值作为判断依据。如果平均值大于某个阈值，则判断污染源存在；否则，判断污染源不存在。这种方法没有考虑污染源的扩散模型，其识别精度较差。为了解决这个问题，提出了一些基于似然函数(Likelihood Function)的检测方法，包括广义似然比检验法(Generalized Likelihood Ratio Test，GLRT)和修正的广义似然比检验法(Modified Generalized Likelihood RatioTest，MGLRT)[61-63]，以及序贯概率比检验法(Sequential Probability Ratio Test，SPRT)[54，65]。具体地说，与平均值检测法不同的是，它们将假设污染源存在时的最大似然值与假设污染源不存在时的最大似然值之间的比值作为判断依据。虽然这类方法的识别精度很高，但是其判断阈值很难确定，并且对识别精度影响很大[61]。而且，这类方法所基于的假设在本章问题不成立，即所有传感器的感知噪声模型服从同样的分布。同时，由于污染源都存在和污染源都不存在这两种情况是不可能同时出现的，因此基于这两种情况下的最大似然值的比值进行检测是不能达到真正的最大似然值。与之相反，本章提出了一种真实污染源最优识别方法，它可以通过迭代获得最大似然估计值。本章方法的检测阈值很好确定，且它的变化对识别精度影响很小。

此外，文献[69]考虑无线传感器网络的带宽受限，提出了一种分布式污染源识别算法。文献[70]研究如何部署无线传感器网络以使传感器个数最小,同时满足识别时间和覆盖率的约束条件。文献[55]利用基于小规模实验床(Reduced Scale Testbed)的实际实验,分析和比较了无线传感器网络中几种识别算法的性能。不同于这些工作,本章旨在研究根据不可靠、不准确的群智感知数据,如何准确地识别出真实污染源。

## 2.2.2　系统模型

本节描述利用群智感知网络监控城市污染源的系统模型。考虑 $N$ 个用户参与群智感知网络中,他们上报关于各个污染源的感知值。作一个合理假设,在某个时刻某个地点的感知值只关于一个污染源。它的合理性在于,大部分传感器只能在有限的范围内感知到污染源。由于污染源个数有限,且分布在一个广阔的区域内,因此,传感器的感知距离与污染源之间的距离可以忽略不计。

令 $z_{ij}$ 表示第 $i$ 个感知用户关于第 $j$ 个污染源的感知值,包括污染浓度测量值 $m_{ij}$ 和感知位置 $X_{ij}$,即 $z_{ij} = (m_{ij}, X_{ij})$。只考虑污染源在二维空间的扩散,用 $C_j$ 和 $X_j$ 分别表示第 $j$ 个污染源的总强度和位置。根据污染源扩散的反平方定律(Inverse Square Law)[65],在位置 $X_{ij}(X_{ij} \neq X_j)$ 处感知到的第 $j$ 个污染源的浓度为

$$C_j(X_{ij}) = \frac{C_j}{\|X_{ij} - X_j\|_F^2} \qquad (2.1)$$

其中,$\| \bullet \|_F^2$ 表示 $F$-范数的平方,即感知位置 $X_{ij}$ 与污染源位置 $X_j$ 之间的距离平方。这个扩散模型在污染源监控的研究工作中被大量使用[56, 65, 71]。同时,本章的方法可适用其他污染源的模型中。

考虑用户手机中低成本的传感器仅具有有限的感知能力,除了如式(2.1)中扩散浓度值外,传感器的感知值还包含随机噪声。根据文献[72-73],这个随机噪声服从高斯模型。在群智感知网络中,很难使各个用户合作进行传感器校正,用户的感知噪声很难被校正。同时,用户感知设备的多样性,导致很难控

制其设备性能。用户的感知噪声模型参数未知且各不相同,用 $n_i$ 表示第 $i$ 个用户感知噪声的随机变量,则有

$$n_i \sim N(u_i, \sigma_i^2) \tag{2.2}$$

其中, $u_i$ 和 $\sigma_i$ 分别表示第 $i$ 个用户感知噪声的均值和均方差。

用 $H_1$ 和 $H_0$ 分别表示污染源存在和污染源不存在两种情况,第 $i$ 个用户在两种情况下感知到的第 $j$ 个污染源的浓度测量值 $m_{ij}$ 分别为

$$H_0: \quad m_{ij} = n_i \tag{2.3}$$

$$H_1: \quad m_{ij} = C_j(X_{ij}) + n_i \tag{2.4}$$

根据式(2.1)、式(2.2)、式(2.3)和式(2.4),第 $i$ 个用户在两种情况下的感知值 $z_{ij}$ 的条件概率密度函数分别为

$$p(z_{ij} \mid S_j^f) = \phi\left(\frac{m_{ij} - u_i}{\sigma_i}\right) \tag{2.5}$$

$$p(z_{ij} \mid S_j^t) = \phi\left(\frac{m_{ij} - C_j(X_{ij}) - u_i}{\sigma_i}\right) \tag{2.6}$$

其中, $S_j^f$ 和 $S_j^t$ 分别表示第 $j$ 个污染源不存在(即 $H_0$)和它存在(即 $H_1$)两种情况。 $\phi(\bullet)$ 表示标准正态分布的概率密度函数,即 $\phi(x) = \frac{1}{\sqrt{2\pi}} \cdot \exp(-x^2/2)$。

## 2.2.3 问题描述

由于群智感知用户不受控制和未经训练,且每个用户可能只上传部分污染源的感知值。如某些用户可能未到达某个污染源附近区域,仅仅在污染源的边缘区域活动或经过,因此,所有感知用户的感知数据集合为

$$\Phi = \bigcup_{i=1}^{N} \Phi_i \tag{2.7}$$

其中, $\Phi_i$ 表示第 $i$ 个用户的感知数据集合,即 $z_{ij} \in \Phi_i$。

感知用户不受控制性和感知数据不准确性,集合 $\Phi_i$ 中大量的感知数据既不准确又不可靠。对中心服务器,如何从这些不准确、不可靠的感知数据中识

别出真实信息是非常重要的。本章将讨论和解决基于群智感知数据的真实污染源识别问题。其问题描述如下：

**真实污染源识别问题**：仅仅根据群智感知数据集合 $\Phi$，在未知污染源参数 $\Theta$ 和用户感知噪声参数 $\Psi$ 的情况下，如何估计出污染源的存在性 $\vartheta$，以使其与感知数据保持一致。其形式化描述如下：

$$< \vartheta > = \arg\max_{<\Psi,\vartheta,\Theta>} P(\Phi \mid <\vartheta,\Psi,\Theta>)$$

$$\text{where} \quad \vartheta = \{\nu_j, j = 1,2,\cdots,M\}$$

$$\Psi = \{(u_i,\sigma_i), i = 1,2,\cdots,N\} \tag{2.8}$$

$$\Theta = \{(X_j,C_j), j = 1,2,\cdots,M\}$$

其中，$N$ 和 $M$ 分别表示感知用户的人数和候选污染源的个数。$\nu_j$ 表示第 $j$ 个污染源的存在性，$\nu_j = 1$（或者 0）表示第 $j$ 个污染源存在（或者不存在）。$\hat{\vartheta},\hat{\Theta}$ 和 $\hat{\Psi}$ 分别表示污染源存在性 $\vartheta$、污染源参数 $\Theta$ 和用户感知噪声参数 $\Psi$ 的估计值。

## 2.3　方法概述

为了解决真实污染源识别问题，本章提出了一种基于群智感知数据的真实污染源识别方法，称为 PassFit（Participatory Sensing and Filtering for Identifying Truthful Urban Pollution Sources）。PassFit 的含义是指所提方法能够从众多不准确、不可靠的群智感知数据中过滤出（Pass）恰当的（Fit）数据，以识别出真实的污染源。

如图 2.1 所示，PassFit 方法主要包括两个部分：聚类和源参数估计，以及真实污染源最优识别。在聚类和源参数估计中，首先通过对所有感知数据进行聚类，以计算候选污染源的个数，然后估计各个候选污染源的参数。在真实污染源最优识别中，基于前面的污染源参数估计值，提出了一种真实污染源最优识别算法，从候选污染源中准确地识别出真实源。具体地说，根据各个用户的感知噪声参数估计值，估计污染源的存在性；反过来，基于源的存在性估计值，重新估计用户的感知噪声参数。这两步交替迭代直至收敛到最优估计,即感知数据的似然值最大。

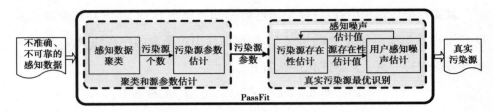

图 2.1　基于群智感知数据的真实污染源识别方法(PassFit)的框架

# 2.4　聚类和源参数估计

## 2.4.1　感知数据聚类

在真实污染源识别问题中,仅仅已知群智感知数据集合 $\boldsymbol{\Phi}$,不知道候选污染源个数,以及哪些感知数据对应同一污染源。根据感知数据的感知位置来聚类,每一个类中的感知值对应同一个候选污染源。其合理性是,每个用户的传感器都只有一定的感知范围,且比较小,如几十米,只有当感知用户到达污染源附近时,用户才能感知到该污染源。对同一个污染源的感知值,其感知位置距离很近。

在 PassFit 方法中,采用基于互信息的聚类算法(Mutual Information Based Clustering Algorithm)[74-75] 对感知数据进行聚类,即互信息(Mutual Information)[76] 高的感知数据聚为一类。令 $M$ 表示聚类个数,一个聚类对应一个候选污染源,同时,该类中的感知数据都是关于该污染源的感知值。在本章后面部分,为了叙述简洁,若未特别说明,污染源是指候选污染源,与真实污染源相对。用 $\hbar_j$ 和 $U_j$ 分别表示关于第 $j$ 个污染源的感知数据集合和观察到该污染源的用户集合,即 $U_j = \{i \mid \forall i, z_{ij} \in \hbar_j\}, j = 1, 2, \cdots, M$。

　　在每个聚类中,一个感知用户可能感知到某个污染源不止一个的感知值。例如,当一个用户已经得到了一个关于某个污染源的感知值,他可能再走一段距离后又得到一个关于该污染源的感知值。为了便于处理,如式(2.9)所示,仅仅选择污染浓度测量值最大的感知值。其原因是,对同一个感知用户,由于他(她)的感知噪声模型都比较稳定,因此,浓度测量值大的感知值对应的信噪比(Signal-to-Noise Ratio, SNR)也大,从而对似然估计精度的贡献也大[77]。

$$z_{ij} = (m_{ij}^k, X_{ij}^k), \quad \text{where} \quad k = \arg\max_{k \in \Delta_{ij}} (m_{ij}^k) \tag{2.9}$$

其中,$\Delta_{ij}$ 表示第 $i$ 个用户关于第 $j$ 个污染源的感知数据集合,即 $\Delta_{ij} \subset h_j$。

　　基于上面的处理,得到所有用户的感知数据集合为

$$Z = \{z_{ij} \mid z_{ij} = (m_{ij}, X_{ij}), j = 1, 2, \cdots, M, i \in U_j\} \tag{2.10}$$

## 2.4.2　污染源参数估计

　　在 PassFit 方法中,首先在本小节估计所有候选污染源的参数 $\Theta$,包括污染源的位置 $X_j$ 和总强度 $C_j$;然后在后文中,基于这些参数的估计值,从候选污染源中识别出真实污染源。如果某个污染源被判定为真,则将这些估计值作为这个真实污染源的参数估计值;如果它被判定为假,则这些估计值视为无效。这样处理的原因如下:根据式(2.3)和式(2.4),污染源的参数仅仅与真实污染源有关。真实污染源识别结果对污染源参数的估计影响较小,可以先估计各个候选污染源的参数,再识别出真实的污染源。

　　本章利用最大似然估计算法[61-63]来联合估计各个污染源的参数。根据式(2.6),假设所有污染源都存在,其感知数据的似然函数为

$$
\begin{aligned}
L_{H1}(Z \mid \Theta) &= \log \prod_{j=1}^{M} \prod_{i \in U_j} p(z_{ij} \mid S_j^t, \Theta) \\
&= \sum_{j=1}^{M} \sum_{i \in U_j} \left\{ -\log(\sqrt{2\pi}\sigma_i) - \frac{(m_{ij} - \mathbb{C}_j(X_{ij}) - u_i)^2}{2\sigma_i^2} \right\}
\end{aligned}
\tag{2.11}
$$

最大似然估计算法主要是计算如何使式(2.11)中似然函数最大,形式化描述为 $<\hat{\Theta}> = \arg \max_{<\Theta>} L_{HI}(Z \mid \Theta)$。这是一个简单的无约束非线性凸优化问题。当前有很多解决这种优化问题的方法,如拟牛顿方法(Quasi- Newton Methods)[78]等。

# 2.5 真实污染源最优识别算法

本节提出了一种真实污染源最优识别算法,基于污染源参数的估计值(即 $\hat{\Theta} = \{(\hat{X}_j, \hat{C}_j), j = 1, 2, \cdots, M\}$),从候选污染源识别出真实源。首先推导算法设计的理论根据;然后基于推导结果,给出算法的描述。

## 2.5.1 算法设计的理论推导

本章利用最大期望方法(Expextation Maximization, EM)[59]来识别真实污染源。最大期望方法是一种经典的数理统计方法,以解决残缺数据模型下未知参数的最大似然估计问题。它主要通过两步(即 E- step 和 M- step)交替迭代,最后收敛到最大似然估计值。在 E- step,计算似然函数关于隐含变量分布的期望函数;在 M- step,计算未知参数的估计值使该期望函数最大。首先形式化描述似然函数;然后基于该似然函数推导 E- step 和 M- step 这两步;最后总结前面的理论推导,并得到如下结论:通过交替迭代地估计污染源的存在性和用户的感知噪声参数,本章方法可以实现真实污染源的最优识别。

(1)似然函数的形式化描述

根据全概率公式,第 $i$ 个感知用户关于第 $j$ 个污染源的感知值 $z_{ij}$ 的概率为

$$p(z_{ij}) = p(z_{ij} \mid S_j^t) \cdot p(S_j^t) + p(z_{ij} \mid S_j^f) \cdot p(S_j^f) \qquad (2.12)$$

其中,$p(S_j^t)$ 表示第 $j$ 个污染源存在的概率,用 $d_j$ 表示;$p(S_j^f)$ 表示第 $j$ 个污染源不存在的概率,用 $1 - d_j$ 表示。

根据式(2.12),所有用户感知值的似然函数为

$$L(Z \mid \Omega) = \log \prod_{j=1}^{M} \prod_{i \in \mathbb{U}_j} p(z_{ij} \mid \Omega)$$

$$= \log \prod_{j=1}^{M} \prod_{i \in \mathbb{U}_j} [ p(z_{ij} \mid S_j^t) \cdot d_j + p(z_{ij} \mid S_j^f) \cdot (1 - d_j) ] \qquad (2.13)$$

其中,$\Omega$ 表示一个参数集,即 $\Omega = \{d_j, u_i, \sigma_i, j = 1, 2, \cdots, M, i = 1, 2, \cdots, N\}$。

式(2.13)中似然函数含有残缺数据,计算它的最大似然值非常困难。而最大期望方法通过增加隐含变量的方式恰好能够解决这个问题。选择合适的隐含变量以适合最大期望方法很关键。在 PassFit 方法中,选取 $\Omega$ 作为未知参数,并定义隐含变量如下:

$$\vartheta = \{\nu_j, j = 1, 2, \cdots, M\}$$

$$\text{where} \quad \nu_j = \begin{cases} 1 & \text{第} \quad j \quad \text{个污染源存在} \\ 0 & \text{第} \quad j \quad \text{个污染源不存在} \end{cases} \qquad (2.14)$$

根据式(2.13),增加了隐含变量 $\vartheta$ 后,似然函数变为

$$L(Z \mid \Omega, \vartheta) = \sum_{j=1}^{M} \{ v_j \cdot \sum_{i \in \mathbb{U}_j} \log[ p(z_{ij} \mid S_j^t) \cdot d_j ] + (1 - v_j) \cdot$$

$$\sum_{i \in \mathbb{U}_j} \log[ p(z_{ij} \mid S_j^f) \cdot (1 - d_j) ] \} \qquad (2.15)$$

(2)E-step 推导

在 E-step 中,已知感知数据集合和未知参数的当前估计值,计算似然函数 $L(Z \mid \Omega, \vartheta)$ 关于隐含变量 $\vartheta$ 的条件概率分布的期望似然函数。以第 $t$ 步迭代为例,根据式(2.5)、式(2.6)和式(2.15),可得期望似然函数为

$$Q(\Omega \mid \Omega^{(t)}) = E_{\vartheta \mid Z, \Omega^{(t)}} [ L(Z \mid \Omega, \vartheta) ]$$

$$= \sum_{j=1}^{M} \left\{ \begin{array}{l} p(v_j = 0 \mid \hbar_j, \Omega^{(t)}) \cdot \sum_{i \in U_j} \left[ -\log(\sqrt{2\pi}\sigma_i) - \dfrac{(m_{ij} - u_i)^2}{2\sigma_i^2} + \right. \\ \log(1 - d_j) ] + p(v_j = 1 \mid \hbar_j, \Omega^{(t)}) \cdot \\ \sum_{i \in U_j} \left[ -\log(\sqrt{2\pi}\sigma_i) - \dfrac{(m_{ij} - \mathbb{C}_j(X_{ij}) - u_i)^2}{2\sigma_i^2} + \log(d_j) \right] \end{array} \right\}$$

$$(2.16)$$

其中,$\Omega^{(t)}$ 表示未知参数在第 $t$ 步迭代的估计值,包括 $d_j^{(t)}$,$u_i^{(t)}$ 和 $\sigma_i^{(t)}$,$j = 1, 2,$ $\cdots, M$,$i = 1, 2, \cdots, N$。

$p(v_j = 1 | \hbar_j, \Omega^{(t)})$ 表示当已知感知数据集合 $Z$ 和未知参数的当前估计值 $\Omega^{(t)}$ 时,隐含变量 $v_j$ 为真的条件概率分布。它是 $j$ 和 $t$ 的函数,用 $\Gamma(j, t)$ 来表示。根据贝叶斯定理(Bayes' theorem)[79],可推导得

$$\Gamma(j, t) = p(v_j = 1 | \hbar_j, \Omega^{(t)})$$

$$= \frac{p(\hbar_j, \Omega^{(t)} | v_j = 1) \cdot p(v_j = 1)}{\sum_{l=0}^{l=1} [p(\hbar_j, \Omega^{(t)} | v_j = l) \cdot p(v_j = l)]} \tag{2.17}$$

$$= \left\{ 1 + \frac{p(\hbar_j, \Omega^{(t)} | v_j = 0)}{p(\hbar_j, \Omega^{(t)} | v_j = 1)} \cdot \left( \frac{1}{p(v_j = 1)} - 1 \right) \right\}^{-1}$$

$$= \left\{ 1 + F(j, t) \cdot \left( \frac{1}{d_j^{(t)}} - 1 \right) \right\}^{-1}$$

其中,$d_j^{(t)}$ 表示 $p(v_j = 1)$ 在第 $t$ 步迭代的估计值;$F(j, t)$ 表示 $p(\hbar_j, \Omega^{(t)} | v_j = 0)$ 与 $p(\hbar_j, \Omega^{(t)} | v_j = 1)$ 的比值。根据式(2.5)和式(2.6),可得

$$F(j, t) = \frac{\prod_{i \in \mathbb{U}_j} p(z_{ij}, \Omega^{(t)} | v_j = 0)}{\prod_{i \in \mathbb{U}_j} p(z_{ij}, \Omega^{(t)} | v_j = 1)}$$

$$= \prod_{i \in \mathbb{U}_j} \exp \left\{ \frac{1}{-2(\sigma_i^{(t)})^2} [(m_{ij} - u_i^{(t)})^2 - (m_{ij} - \mathbb{C}_j(X_{ij}) - u_i^{(t)})^2] \right\}$$

$$\tag{2.18}$$

同样地,可得 $p(v_j = 0 | \hbar_j, \Omega^{(t)})$ 如下:

$$p(v_j = 0 | \hbar_j, \Omega^{(t)}) = 1 - p(v_j = 1 | \hbar_j, \Omega^{(t)}) = 1 - \Gamma(j, t)$$

$$\tag{2.19}$$

将式(2.17)、式(2.18)和式(2.19)代入式(2.16),得到期望似然函数为

$$Q(\varOmega \mid \varOmega^{(t)}) = \sum_{j=1}^{M} \left\{ (1 - \varGamma(j,t) \cdot \sum_{i \in \mathrm{U}_j} \left[ -\log(\sqrt{2\pi}\sigma_i) - \right. \right.$$

$$\frac{(m_{ij} - u_i)^2}{2\sigma_i^{\,2}} + \log(1 - d_j) \right] + \varGamma(j,t) \cdot \sum_{i \in \mathrm{U}_j} \left[ -\log(\sqrt{2\pi}\sigma_i) - \quad (2.20) \right.$$

$$\frac{(m_{ij} - \mathbb{C}_j(X_{ij}) - u_i)^2}{2\sigma_i^{\,2}} + \log(d_j) \right] \right\}$$

（3）M-step 推导

在 M-step 中,计算未知参数 $\varOmega$ 的估计值以使期望似然函数 $Q(\varOmega \mid \varOmega^{(t)})$ 最大,然后以这个估计值作为未知参数新的估计值,即

$$< \varOmega^{(t+1)} > = \arg\max_{<\varOmega>} Q(\varOmega \mid \varOmega^{(t)}) \quad (2.21)$$

计算使期望似然函数最大的未知参数值 $\varTheta^*$（即 $\varTheta^* = \{u_i^*, \sigma_i^*, d_j^*, i = 1, 2, \cdots, N, j = 1, 2, \cdots, M\}$）,可得

$$\begin{cases} \dfrac{\partial Q(\varOmega \mid \varOmega^{(t)})}{\partial u_i} \bigg|_{(u_i^*, \sigma_i^*, d_j^*)} = 0 \\[3mm] \dfrac{\partial Q(\varOmega \mid \varOmega^{(t)})}{\partial \sigma_i} \bigg|_{(u_i^*, \sigma_i^*, d_j^*)} = 0 \\[3mm] \dfrac{\partial Q(\varOmega \mid \varOmega^{(t)})}{\partial d_j} \bigg|_{(u_i^*, \sigma_i^*, d_j^*)} = 0 \end{cases} \quad (2.22)$$

通过解式（2.21）和式（2.22）的方程组,可以得到未知参数的新估计值 $\varOmega^{(t+1)}$（包括 $d_j^{(t+1)}$,$u_i^{(t+1)}$ 和 $\sigma_i^{(t+1)}$,$j = 1, 2, \cdots, M, i = 1, 2, \cdots, N$）

$$d_j^{(t+1)} = \varGamma(j,t) \quad (2.23)$$

$$u_i^{(t+1)} = \frac{1}{J_i} \sum_{j \in \mathrm{S}_i} \{ m_{ij} - \varGamma(j,t) \cdot \mathbb{C}_j(X_{ij}) \} \quad (2.24)$$

$$(\sigma_i^{(t+1)})^2 = \frac{1}{J_i} \sum_{j \in \mathrm{S}_i} \left\{ \begin{matrix} (1 - \varGamma(j,t) \cdot (m_{ij} - u_i^{(t+1)})^2 \\ + \varGamma(j,t) \cdot (m_{ij} - \mathbb{C}_j(X_{ij}) - u_i^{(t+1)})^2 \end{matrix} \right\} \quad (2.25)$$

其中,$\mathrm{S}_i$ 表示第 $i$ 个用户感知到的污染源集合,$J_i$ 表示该集合中元素的个数,即 $J_i = |\mathrm{S}_i|$。根据上面的推导可知,未知参数的新估计值 $\varTheta^{(t+1)}$ 可基于E-step中

得到的 $\Gamma(j,t)$，根据式（2.23）、式（2.24）和式（2.25）计算得到。

（4）理论推导总结

本小节首先对 E-step 和 M-step 两步骤推导的结果进行总结，然后得出真实污染源最优识别算法的思想和本质。

根据上面三节的推导，E-step 的核心是基于未知参数的估计值 $\Theta^{(t)}$，计算隐含变量为真的条件概率 $\Gamma(j,t)$；M-step 的核心是基于 E-step 计算的条件概率 $\Gamma(j,t)$，计算未知参数在下一次迭代中新的估计值 $\Theta^{(t+1)}$。这两步相互交替迭代执行，直至未知参数的估计值收敛。

值得注意的是，由式（2.23）可知，污染源存在概率的新估计值 $d_j^{(t+1)}$ 与隐含变量的条件概率 $\Gamma(j,t)$ 相等。所提算法的本质是污染源存在概率估计和用户感知噪声估计之间交替迭代。根据式（2.17）、式（2.18）和式（2.19），利用用户感知噪声的估计值（$u_i^{(t)}$ 和 $\sigma_i^{(t)}$）来计算污染源存在概率的新估计值 $d_j^{(t+1)}$；根据式（2.24）和式（2.25），利用这个估计结果 $d_j^{(t+1)}$ 来重新计算用户感知噪声的估计值（$u_i^{(t+1)}$ 和 $\sigma_i^{(t+1)}$）。

式（2.15）中的似然函数是凹函数且可微，根据最大期望方法的收敛条件[80]，感知数据的似然函数值随着迭代逐步提高直至最大。所提算法可以收敛到最大似然值，从而得到污染源存在性的最优估计值 $\hat{d}_j$。这个凹函数证明很简单，此处不再详述。

因为污染源的存在状态（用 $\hat{e}_j$ 表示）非 1（存在）即 0（不存在），所以，根据污染源存在概率的最优估计值，可以很简单地判断污染源的存在状态。如果 $\hat{d}_j \geq \tau$，则第 $j$ 个污染源存在，即 $\hat{e}_j = 1$；否则，它不存在，即 $\hat{e}_j = 0$。

综上，根据上面推导的结果，可得到两个结论：

①所提真实污染源识别算法本质上是一种交替迭代算法。基于用户感知噪声的估计值，估计污染源的存在性；基于这个估计结果，反过来重新估计用户的感知噪声。

②从最大化感知数据的似然值的角度，所提算法可以通过迭代得到污染源存在性的最优估计值。

## 2.5.2　算法描述

根据上一节的理论推导结论,提出了真实污染源最优识别算法,见表 2.1。算法的输入是污染源的参数估计值 $\dot{\Omega}$ 和用户的感知数据集合 $Z$。它们都由 PassFit 方法的第一部分(即聚类和源参数估计)计算得到。算法的输出不仅包括污染源存在性的估计值 $\dot{\xi}$,还包括用户感知噪声的估计值 $\dot{\Psi}$。

在算法的第 1 行,用 $\Omega^{(0)}$ 对未知参数 $\Omega$ 进行初始化。由于所提算法具有收敛性,因此,这个初始值设置对算法性能影响非常小。在算法的第 2—11 行,迭代地计算以下两步直至收敛:第一步(算法第 3—6 行),基于用户的感知噪声估计值,计算污染源存在概率估计值;第二步(算法第 7—9 行),基于前面的存在概率估计结果,重新估计用户感知噪声。如果连续两次迭代的未知参数估计值的变化小于阈值,则认为迭代收敛。

当未知参数估计值收敛后,在第 12、13 行,将用户感知噪声估计值的收敛值作为用户感知噪声的最终估计值;在第 14—18 行,根据污染源存在概率估计值的收敛值计算污染源存在性的最优估计值。需要说明的是,这个存在判定阈值 $\tau$ 一般设置为 0.5,同时,2.8.2 节的实验结果表明,这个判定阈值的设置对算法性能的影响可以忽略不计。在第 19 行,算法返回真实污染源的识别结果和用户感知噪声的估计值。

这个算法具有多项式阶的时间复杂度,即 $O(N \cdot M \cdot K)$,其中 $N,M$ 和 $K$ 分别表示感知用户的人数、污染源的个数以及迭代的次数。另外,所提算法不仅可以准确地识别出真实污染源,还可以估计出用户的感知噪声。在群智感知网络中,预先知道用户的感知噪声几乎是不可能的,本章算法对估计用户的感知噪声非常重要。

表 2.1　真实污染源最优识别算法

---

**输入：**

污染源的参数估计值：$\hat{\Theta} = \{(\hat{X}_j, \hat{C}_j), j = 1, 2, \cdots, M\}$

群智感知数据集合：　$Z = \{(m_{ij}, X_{ij}), j = 1, 2, \cdots, M, i \in \mathbb{U}_j\}$

**输出：**

污染源的存在性估计值：$\hat{\xi} = \{\hat{e}_j, j = 1, 2 \cdots, M\}$

用户的感知噪声估计值：$\hat{\Psi} = \{(\hat{u}_i, \hat{\sigma}_i), i = 1, 2 \cdots, N\}$

---

1. 用 $\Omega^{(0)}$ 初始化未知参数 $\Omega$，包括 $u_i^{(0)}, \sigma_i^{(0)}, d_j^{(0)}, (i = 1, 2, \cdots, N, j = 1, 2, \cdots, M)$

2. while $\Theta^{(t)}$ 未收敛 do

3.　　　　$for(j = 1; j \leqslant M; j + +) do$

4.　　　　　　基于 $d_j^{(t)}, u_i^{(t)}$ 和 $\sigma_i^{(t)}$　$(i = 1, 2, \cdots, N)$，根据式 $(2.17)$ 和公 $(2.18)$，计算 $\Gamma(j, t)$

5.　　　　　　$d_j^{(t+1)} = \Gamma(j, t)$

6.　　　　end for

7.　　　　　　$for(i = 1; i \leqslant N; i + +) do$

8. 基于 $d_j^{(t+1)}$ $(j = 1, 2, \cdots, M)$，根据式 $(2.24)$ 和式 $(2.25)$，计算 $u_i^{(t+1)}$ 和 $\sigma_i^{(t+1)}$

9.　　　　end for

10.　　　　$t = t + 1$

11. end while

12. 用 $u_i^c, \sigma_i^c$ 和 $d_j^c$ 分别表示 $u_i^{(t)}, \sigma_i^{(t)}$ 和 $d_j^{(t)}$ 的收敛值，$i = 1, 2, \cdots, N, j = 1, 2, \cdots, M$

---

13. $\hat{u}_i = u_i^c, \hat{\sigma}_i = \sigma_i^c, i = 1, 2, \cdots, N$

14. $\text{for}(j = 1; j \leqslant M; j + +)\,\text{do}$

15. $\quad\quad\quad \text{if}\,d_j^c \geqslant \tau\,\text{then}\hat{e}_j = 1$

16. $\quad\quad\quad \text{else}\hat{e}_j = 0$

17. $\quad\quad\quad \text{end if}$

18. end for

19. $\text{return}(\hat{u}_i, \hat{\sigma}_i)$ 和 $\hat{e}_j, i = 1, 2, \cdots, N, j = 1, 2, \cdots, M$

# 2.6　实验性能分析

本节通过仿真实验对 PassFit 方法的性能进行评估。

## 2.6.1　实验方法和参数设置

在这个仿真实验中,模拟和仿真了一个较大规模的基于群智感知网络的城市污染源监控系统。$M$ 个污染源随机地分布在 20 km ×20 km 的区域。污染源的强度在 $2 \times 10^5$ 和 $6 \times 10^5$ CPM（Counts Per Minute）之间随机变化。这个设置与低强度的放射性污染源的实际参数一致[54, 65]。每个污染源以概率 $p_s$ 存在,称为污染源的存在概率。传感器的感知范围有限,污染源感知区域的最大半径设置为 150 m,同时,考虑污染源中心危害大,用户不易到达,其最小半径设置为 50 m[28]。$N$ 个用户参与群智感知网络中,每个感知用户以概率 $p_u$ 到达每个污染源的感知区域,并随机选择一个位置进行感知。$p_u$ 称为用户的感知概率。仅仅通过设置用户的感知概率 $p_u$ 来控制感知数据的个数,对感知用户的移动模型没有作任何假设。感知值包括污染浓度测量值和感知位置。污染浓度测量值包括污染源的浓度扩散值和用户的随机感知噪声。每个用户的感知噪声的均值和均方差分别在 100 到 150 CPM 以及 10 到 30 CPM 之间随机变化。在真实污染源最优识别算法中，若未特别说明，真实污染源的判定阈值 $\tau$ 设置为 0.5。

广义似然比检验法（GLRT）[54, 61-63, 65] 是当前识别精度最高的一种方法。这种方法基于一个假设，即所有感知数据的噪声都服从一样的分布。但是，该假设在本章问题中不成立。本书不与这种方法进行比较，而将基于强度估计的检测法（Estimated Intensity Based Detection，EID）作为基本比较对象，以评估所提方法的性能。EID 算法采用与本章相同的方法估计各个污染源的强度，然后基于这个强度估计值来判断污染源是否存在。如果某个污染源的强度估计值大于阈值，则判定它存在，否则它不存在。这个判定阈值设置为 $2 \times 10^5$ CPM，即污染源强度参数设置的下限。

仿真程序用 MATLAB 实现，并在 Intel Core i3 处理器、2 GB RAM 的个人计算机上运行。所有仿真结果都是运行 100 次的统计结果。

## 2.6.2 方法的性能评估

从污染源存在性估计精度和用户感知噪声估计精度两个方面来评估 PassFit 方法性能。用 4 个指标来比较当前其他方法与所提方法的性能：①真实源识别的假阳性；②真实源识别的假阴性；③感知噪声均值的相对估计误差；④感知噪声均方差的相对估计误差。为了叙述简洁，分别称这 4 个指标为识别假阳性、识别假阴性、噪声均值估计误差和噪声均方差估计误差。从以下 5 个不同的方面来评估 PassFit 方法的 4 个指标性能：

（1）用户感知概率的影响

第一个实验比较 PassFit 方法和 EID 算法在用户不同感知概率（$p_u$）下的性能。污染源的个数 $M$ 设置为 30，其存在概率 $p_s$ 设置为 0.5。感知用户的人数 $N$ 设置为 60，其感知概率 $p_u$ 在 0.3 到 0.9 之间变化。

如图 2.2、图 2.3、图 2.4 和图 2.5 所示，对不同的感知概率，PassFit 方法在

4 个指标上都要优于 EID 算法。较之 EID 算法,PassFit 在识别假阳性、识别假阴性、噪声均值估计误差和噪声均方差估计误差上分别提高了 99%,82%,38% 和 70%。

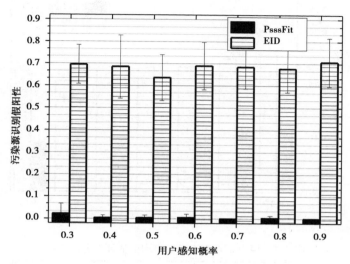

图 2.2 用户感知概率对识别假阳性的影响

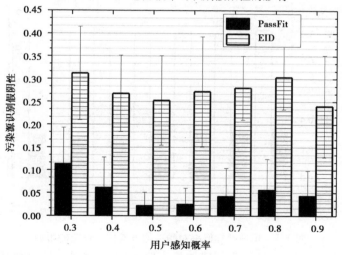

图 2.3 用户感知概率对识别假阴性的影响

如图 2.3 所示,当用户感知概率增大时,识别假阴性先降低后增加。这个实验结果表明,过度密集的感知带来大量的不准确和不可靠的感知数据,会降低污染源的识别精度。当用户感知概率适中时,真实污染源的识别精度才最高。

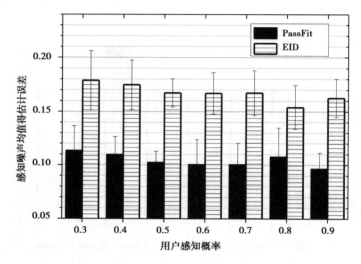

图2.4　用户感知概率对噪声均值估计误差的影响

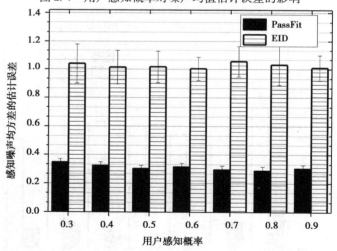

图2.5　用户感知概率对噪声均方差估计误差的影响

在 PassFit 方法中,当用户的感知概率降低时,识别假阳性和假阴性缓慢地增加。但是,即使在最差情况下(即感知概率最低时,如 0.3),其识别假阳性和识别假阴性都分别不超过 0.03 和 0.12。这个实验结果表明,PassFit 方法即使在用户感知数据非常稀疏的情况下,也能达到很高的识别精度,很好地解决了感知数据不足的问题。其原因是,PassFit 方法能够利用对一个污染源的感知值来估计感知噪声模型,然后将这个估计的噪声模型用于识别其他污染源,以提高整体的识别精度。这个优势主要是巧妙地利用了群智感知网络中感知用户随机游走的特性。

(2)感知用户人数的影响

第二个实验评估感知用户人数对识别性能的影响。对实验一的参数设置作以下修改:感知用户的人数从 20 到 90 随机均匀变化,其感知概率设置为0.8。

如图 2.6、图 2.7、图 2.8 和图 2.9 所示,对不同的感知用户人数,PassFit 方法在 4 个指标上都要优于 EID 算法。PassFit 方法比 EID 算法在识别假阳性、识别假阴性、噪声均值估计误差以及噪声均方差估计误差上分别提高了 99%,79%,29% 和 64%。

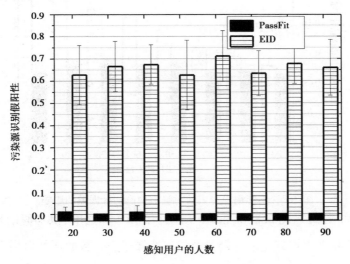

图 2.6　感知用户的人数对识别假阳性的影响

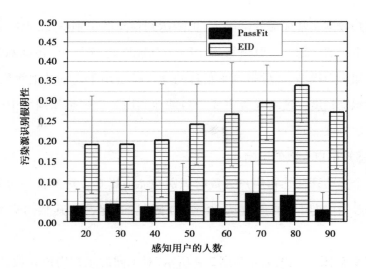

图 2.7　感知用户的人数对识别假阴性的影响

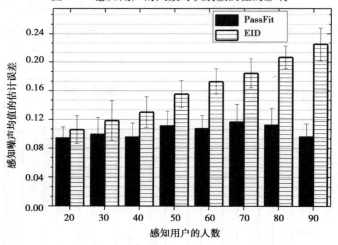

图 2.8　感知用户的人数对噪声均值估计误差的影响

　　此外,如图 2.7、图 2.8 和图 2.9 所示,在 EID 算法中,识别假阴性、噪声均值估计误差和噪声均方差估计误差都随着感知用户人数的增加而增大,而 Pass-Fit 方法却始终保持比较稳定。其原因是,随着感知用户人数的增加,其感知噪声模型的未知参数（即 $u_i$ 和 $\sigma_i$）个数也在增加,导致 EID 算法的估计精度降低。与之相反,PassFit 方法利用了污染源存在性估计和感知噪声估计之间的交替迭代,有效地减轻了感知用户人数变化对识别性能的影响。

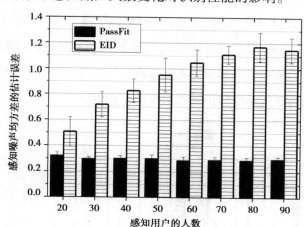

图 2.9　感知用户的人数对噪声均方差估计误差的影响

(3)污染源存在概率的影响

第三个实验主要研究污染源存在概率对识别性能的影响。设置存在概率 $p_s$ 在 0.1 和 0.8 之间均匀变化,其他设置同实验一。

如图 2.10、图 2.11、图 2.12 和图 2.13 所示,对不同的污染源存在概率,PassFit 方法在 4 个指标上都比 EID 算法好。与 EID 算法比较,PassFit 方法在识别假阳性、识别假阴性、噪声均值估计误差和噪声均方差估计误差上分别提高了 95% ,80% ,49% 和 66% 。

如图 2.10 和图 2.11 所示,当污染源存在概率增加时,PassFit 方法的识别假阳性降低,同时识别假阴性提高。但是它的假阴性一直都小于 EID 算法。此外,如图 2.12 所示,对 PassFit 方法和 EID 算法,假阴性增加,它们的噪声均值估计误差都随着污染源存在概率的增加而增加。

(4)算法的收敛性

在这个实验中,研究迭代对识别性能的影响,以验证 PassFit 方法的收敛性。同时,设置感知用户人数为 30,感知概率为 0.4。

如图 2.14 和图 2.15 所示,随着迭代次数的增加,识别假阳性不断降低,识别假阴性不断增加,直到两者都保持不变。这个实验结果证实了 PassFit 的收敛性。同时,如图 2.14 和图 2.15 所示,PassFit 方法在迭代 10 次以后就收敛了,收敛速率很快。此外,如图 2.15 所示,污染源识别假阴性的性能不是很稳定,其变化方差较大,这主要是因为污染源参数估计性能不稳定影响用户感知噪声估计的性能,从而导致污染源识别假阴性的不稳定。

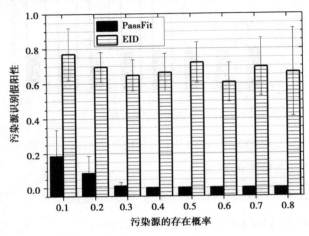

图 2.10　污染源存在概率对识别假阳性的影响

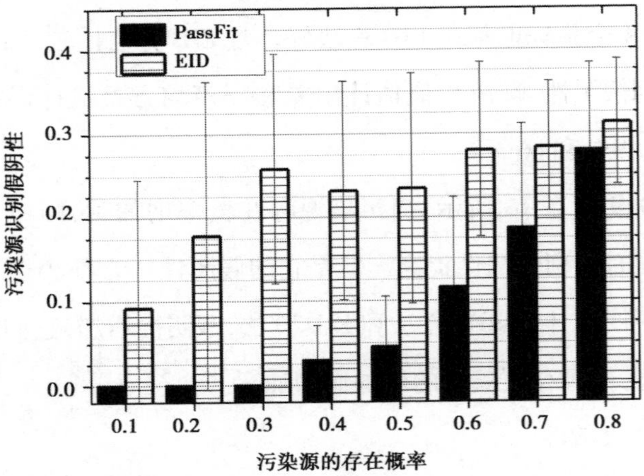

图 2.11　污染源存在概率对识别假阴性的影响

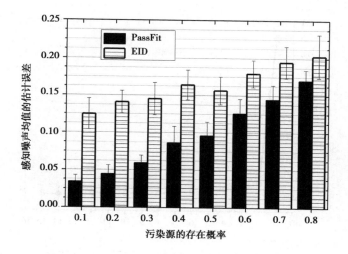

图 2.12　污染源存在概率对噪声均值估计误差的影响

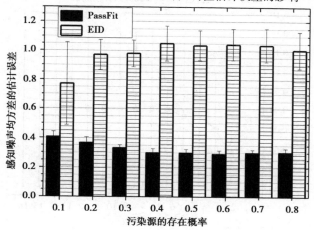

图 2.13　污染源存在概率对噪声均方差估计误差的影响

（5）算法的鲁棒性

为了验证 PassFit 方法的鲁棒性，与 EID 算法比较识别阈值对识别精度的影响。对实验一的参数设置作以下修改：设置用户的感知概率为 0.6，并变化 PassFit 方法和 EID 算法的识别阈值。为了公平地比较，设置 PassFit 方法和 EID 方法的基准阈值分别为 0.5 和 $2 \times 10^5$。它们的阈值相对于各自的基准阈值在 $-60\%$ 到 $60\%$ 之间均匀变化。

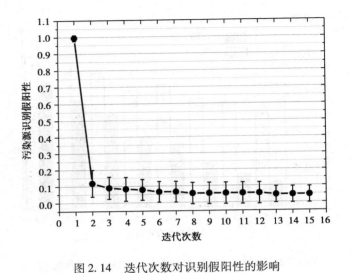

图 2.14　迭代次数对识别假阳性的影响

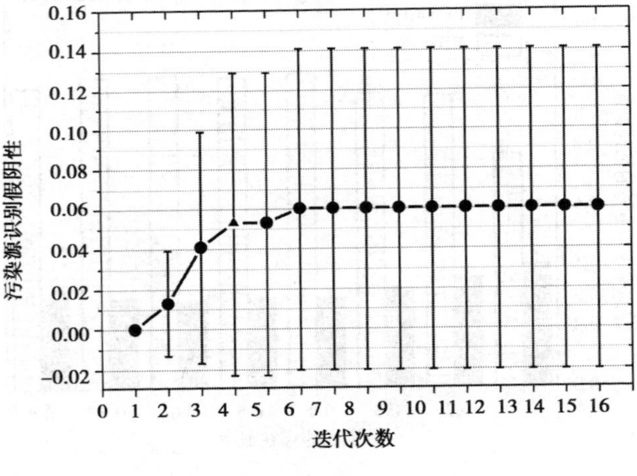

图 2.15　迭代次数对识别假阴性的影响

　　如图 2.16 所示,在 PassFit 方法中,当识别阈值变化时,无论是识别假阳性还是假阴性都几乎保持不变。这个结果表明 PassFit 方法对识别阈值变化的鲁棒性强。与之相反,如图 2.17 所示,在 EID 算法中,随着识别阈值的增加,识别假阳性不断降低,同时识别假阴性不断提高。这个结果表明,识别阈值的设置对 EID 算法的识别精度影响很大。EID 算法对识别阈值变化的鲁棒性很差。更糟糕的是,在 EID 算法中,根据识别假阳性和假阴性的限制来设定识别阈值是非常困难的。综上,对识别阈值的变化,PassFit 方法的鲁棒性强,而 EID 方法的鲁棒性差。

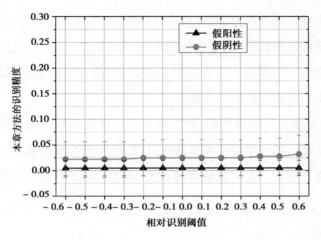

图 2.16　PassFit 方法的识别阈值对识别精度的影响

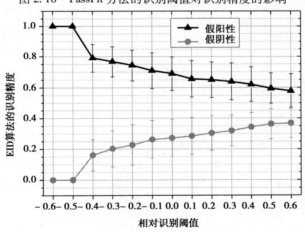

图 2.17　EID 算法的识别阈值对识别精度的影响

## 2.7　本章小结

本章针对群智感知数据的不准确性和不可靠性,提出了一种基于群智感知数据的真实污染源识别方法,解决了数据感知质量管理中去伪存真的问题。首先,利用基于互信息的聚类算法对感知数据进行聚类;其次,用最大似然估计算法估计出各个候选污染源的参数;最后,利用最大期望方法的思想,提出了一种真实污染源最优识别算法,基于前面的污染源参数估计值,从众多虚假的污染源中识别出真实的污染源。仿真结果表明,与当前方法比较,所提方法能够大幅度地提高识别假阳性和假阴性的能力。

此外,仿真实验结果还表明,利用本章方法得到的用户感知噪声估计值的精度不是非常高。除污染源存在性估计以外,污染源参数的估计对用户感知噪声估计的精度有影响。下一章将继续探究如何进一步提高用户感知噪声的估计精度。

# 第 3 章　基于群智感知数据的
## 感知误差自校正技术

## 3.1　引　言

　　群智感知网络利用用户现有的移动设备来进行感知。而低成本、低耗费的感知设备易产生未知且无法控制的感知误差,导致感知数据不准确。群智感知网络中一个最基本、最重要的问题是校正感知误差。

　　在传统的无线传感器网络中,当前已有一些传感器校正的方法。一类协同校正方法[71-73, 81-83]利用与邻居传感器或者精准传感器的协作来进行校正。但是,在群智感知网络中,很难使未受训练和不受控制的感知用户自愿合作来进行感知误差校正[8]。同时,当前也有一些非协同校正方法[84-85],但是它们需要一个专门的校正过程,如控制源的行为等。另外,虽然第 2 章的方法可以估计出感知噪声,但是未考虑污染源参数估计对感知噪声估计的影响,导致得到的估计精度不高。

　　为了解决上述问题,本章提出了一种基于群智感知数据的感知误差自校正方法,无须一个专门的、协同的校正过程,在监控污染源的过程中对用户的感知误差进行校正。换言之,仅仅基于监控污染源的感知数据,就能够估计出各个用户的感知噪声。本书主要利用一个机会,即感知用户随机游走性,可以在不同时间、不同地点感知到多个污染源,利用这些不同污染源感知数据之间的多样性来估计用户的感知噪声。但要实现感知误差的自校正需要解决下面两个

挑战:

①在群智感知网络中,没有一个特定的、合作的校正过程,污染源的存在性和污染源的参数都未知。

②污染源存在性估计、源参数估计以及感知噪声估计三者之间紧密联系。由于当前方法都没有对这三者进行联合考虑,因此不能解决这个问题。

本章主要利用两个基本思想来解决这两个挑战。首先,利用感知数据的多样性来估计污染源的存在性;其次,反过来用这个估计结果提高源参数估计和感知噪声估计的精度。对最大期望方法进行扩展,提出了一种基于两层迭代的估计算法,通过迭代逐步地提高源存在性估计、感知噪声估计以及源参数估计的精度。同时,理论分析和仿真实验验证了方法的收敛性和最优性。综上,本章主要有以下两个创新点:

①本章是第一个研究群智感知网络中感知误差的自校正问题的。与传统的无线传感器网络不同,感知用户既不受控制又不合作。提出了一种感知误差自校正方法,无须一个专门和协同的校正过程,仅仅利用群智感知数据就能对感知误差进行自校正。

②对经典的最大期望方法进行扩展,提出了一种基于两层迭代的感知误差自校正算法。首先,基于感知噪声估计值和污染源参数估计值,估计源的存在性;其次,反过来,这个估计结果被用来重新估计感知噪声和污染源参数,以提高估计精度。理论分析表明,所提算法可以收敛到感知噪声的最优估计值,即所有群智感知数据的似然值最大。

当前关于感知误差校正的工作主要集中在传统的无线传感器网络中,即传感器校正。当前传感器校正的工作主要可分为两大类:协同校正方法和非协同校正方法。

在协同校正方法[71-73, 81-83]中,大部分都利用感知数据之间的空间相关性,即在有限的物理空间范围内感知值的变化较小,通过与邻居传感器或者高精准传感器(Ground truth sensor)之间的协作进行校正。大量的研究工作[73, 81, 83]考虑非移动传感器网络中的传感器校正，也有部分研究[71-72, 82]考虑移动传感器网络中的校正。CaliBree 校正方法[71]利用与已校正传感器遇见的机会来校正其他传感器。类似地，文献[82]利用相遇传感器的感知值的平均值作为校正值。由于各个传感器的感知误差不同，因此，利用几个传感器感知值的平均值作为校正值很不准确。为了解决这个问题，文献[72]提出了一种最优协同校正算法，以计算各个传感器校正权重的最优值。上面这些方法都基于一个假设，即传感器彼此之间都愿意和其他传感器进行合作校正，并且易遇到高精准传感器。但是，在群智感知网络中，使不受控制的感知用户与其他人合作进行校正是非常困难的。同时，大范围地部署昂贵的高精准传感器很难实现。与之相反，本章方法无须感知用户的协作和高精准传感器的部署，仍然能够对用户的传感器准确地进行校正。

非协同校正方法[84-86]利用所有传感器的感知值来进行传感器的校正。文献[84]利用传感器的感知值与感知模型参数之间的相关性，将校正问题转化为非线性函数最小化问题。文献[85]考虑移动传感器的能量耗费限制和计算能力限制，提出了一种双层校正方法。在第一层，每个传感器根据自己局部的感知值来学习模型参数；在第二层，网络汇聚节点再集中地从全局校正这些模型参数，以使感知质量最大。这类非协同校正方法都需要一个专门的校正过程，但在群智感知网络中，感知用户不合作和不受控制的属性，使实施专门的校正过程非常困难。本章方法属于非协同校正。但是，与当前其他方法最大的区别是，所提方法在监控污染源的过程中对传感器进行自校正，无须一个专门的、协同的校正过程。与本章方法类似，文献[86]利用正常的感知值，对传感器进行盲校正。它利用传感器网络在空间上的过采样来校正传感器，然而这种过采样在群智感知网络的大规模感知中很难实现。

# 3.2 问题的形式化描述和转换

## 3.2.1 问题的形式化描述

基于群智感知网络的污染源监控系统模型,本节首先将问题建模为最大似然估计问题。由于"残缺数据问题(Incomplete Data Problem)"[59],该最大似然问题难以解决,因此,将这个问题转化为最大化期望似然函数问题。通过后面的证明,最大化期望似然函数是最大化似然函数的充分条件。

在群智感知网络中,每个感知用户用手机等移动设备对污染源进行感知,并将感知值通过连接的网络传送到中心服务器。感知值包括污染浓度测量值 $m_{ij}$ 和感知位置 $X_{ij}$。如感知数据的聚类处理,可得用户感知数据集合 $Z$ 如式 (2.10) 所示。

感知用户的传感器易产生未知的感知噪声,仅仅基于感知数据集合对用户的感知噪声进行校正是非常重要的。需要说明的是,感知噪声校正的目的是估计出每个用户的感知噪声参数,即均值 $u_i$ 和均方差 $\sigma_i$。但是,由于不知道污染源的存在性以及源参数,对用户的感知噪声进行校正并不容易。本章将讨论和解决这个用户感知噪声校正问题,其描述如下:

**用户感知噪声校正问题**:在污染源存在性参数 $\vartheta$ 和污染源参数 $\Theta$ 都未知的情况下,仅仅已知感知数据集合 $Z$,如何估计出 $N$ 个用户的感知噪声参数 $\Psi$,以便与感知数据集合保持一致。其形式化描述如下:

$$< \Psi > \quad = \underset{<\Psi,\vartheta,\Theta>}{\arg\max} P(Z \mid \Psi,\vartheta,\Theta) \tag{3.1}$$

其中,用户的感知噪声参数 $\Psi = \{(u_i,\sigma_i), i = 1,2,\cdots,N\}$。污染源存在性参数 $\vartheta = \{v_j, j = 1,2,\cdots,M\}$,$v_j$ 表示第 $j$ 个污染源的存在性,$v_j = 1(0)$ 表示第 $j$ 个污染源存在(不存在)。污染源参数 $\Theta = \{(X_j,C_j), j = 1,2,\cdots,M\}$。

根据文献[29]可知,式(3.1)中的感知数据概率 $P(Z|\Psi,\vartheta,\Theta)$ 可以用感知数据的似然值来度量。具体地,根据全概率公式[87],感知数据集合 $Z$ 的似然函数为

$$L(Z\mid\Psi,\Theta) = \log\prod_{j=1}^{M}\prod_{i\in\mathbb{U}_j}p(z_{ij}\mid\Psi,\Theta)$$

$$= \prod_{j=1}^{M}\prod_{i\in\mathbb{U}_j}\log[p(z_{ij}\mid S_j^t)\cdot p(S_j^t) + p(z_{ij}\mid S_j^f)\cdot p(S_j^f)] \tag{3.2}$$

本章的问题是计算用户感知噪声的最优估计值,以使似然函数 $L(Z|\Psi,\Theta)$ 最大。其形式化描述为

$$<\Psi> = \arg\max_{<\Psi,\Theta>}L(Z\mid\Psi,\Theta) \tag{3.3}$$

## 3.2.2　问题的转换

式(3.3)中的似然函数包含不完全数据,即 3 个未知参数,包括污染源存在性、污染源参数以及用户感知噪声,直接解决这个最大似然估计问题是非常困难的。为了解决这个问题,本章将最大似然估计问题转换为最大化期望似然函数问题。具体地,选择了污染源存在性参数 $\vartheta$ 作为隐含变量。根据式(3.3),基于隐含变量的似然函数可表示为

$$L(Z\mid\vartheta,\Psi,\Theta) = \sum_{j=1}^{M}\left\{\begin{matrix}v_j\cdot\sum_{i\in\mathbb{U}_j}\log[p(z_{ij}\mid S_j^t)]\\ + (1-v_j)\cdot\sum_{i\in\mathbb{U}_j}\log[p(z_{ij}\mid S_j^f)]\end{matrix}\right\} \tag{3.4}$$

由于污染源存在性参数 $\vartheta$ 未知,定义似然函数 $L(Z|\vartheta,\Psi,\Theta)$ 的期望似然函数如下:

**定义 1(期望似然函数)**:它指似然函数 $L(Z|\vartheta,\Psi,\Theta)$ 关于污染源存在性参数 $\vartheta$ 分布的期望。它是 $\vartheta,\Psi$ 和 $\Theta$ 的函数,用 $\xi(\vartheta,\Psi,\Theta,Z)$ 来表示。其形式化表示为

$$\xi(\vartheta,\Psi,\Theta,Z) = E_{\vartheta}[L(Z\mid\vartheta,\Psi,\Theta)]$$

$$= \sum_{j=1}^{M}\{p(v_j=1)\cdot\sum_{i\in\mathbb{U}_j}\log[p(z_{ij}\mid S_j^t)] +$$

$$[1-p(v_j=1)]\cdot\sum_{i\in\mathbb{U}_j}\log[p(z_{ij}\mid S_j^f)]\} \tag{3.5}$$

**定理** 1：$\forall\vartheta$，$\forall\Psi$ 和 $\forall\Theta$，$L(Z\mid\Psi,\Theta)\geqslant\xi(\vartheta,\Psi,\Theta,Z)$，当且仅当 $p(\vartheta)=p(\vartheta\mid Z,\Psi,\Theta)$ 时这个不等式才取等。

**证明**：根据条件概率的性质，可得

$$L(Z\mid\Psi,\Theta) = \ln p(Z\mid\Psi,\Theta) = \ln p(Z\mid\vartheta,\Psi,\Theta) + \ln\frac{p(\vartheta)}{p(\vartheta\mid Z,\Psi,\Theta)}$$

$$\tag{3.6}$$

计算式（3.6）等号两边关于 $\vartheta$ 分布的期望。由于 $p(Z\mid\Psi,\Theta)$ 与 $\vartheta$ 独立，则 $E_{\vartheta}(L(Z\mid\Psi,\Theta))=L(Z\mid\Psi,\Theta)$。那么，可得

$$L(Z\mid\Psi,\Theta) = E_{\vartheta}[\ln p(Z\mid\vartheta,\Psi,\Theta)] + E_{\vartheta}\Big[\ln\frac{p(\vartheta)}{p(\vartheta\mid Z,\Psi,\Theta)}\Big]$$

$$= \xi(\vartheta,\Psi,\Theta,Z) + E_{\vartheta}\Big[\ln\frac{p(\vartheta)}{p(\vartheta\mid Z,\Psi,\Theta)}\Big] \tag{3.7}$$

$E_{\vartheta}\Big[\ln\frac{p(\vartheta)}{p(\vartheta\mid Z,\Psi,\Theta)}\Big]$ 是 $p(\vartheta\mid Z,\Psi,\Theta)$ 相对于 $p(\vartheta)$ 在信息理论中的 *KL* 距离（Kullback-Leibler divergence）[88]。根据信息不等式（Information Inequality）[89]，它是非负的，当且仅当 $p(\vartheta)=p(\vartheta\mid Z,\Psi,\Theta)$ 时它才等于 0。根据式（3.7）可知，定理成立。

根据定理 1 可知，期望似然函数 $\xi(\vartheta,\Psi,\Theta,Z)$ 是似然函数 $L(Z\mid\Psi,\Theta)$ 的下界，可得到以下的推论：

**推论** 1：如果 $\exists\vartheta^*$，$\exists\Psi^*$ 和 $\exists\Theta^*$ 使期望似然函数 $\xi(\vartheta,\Psi,\Theta,Z)$ 达到最大，那么似然函数值 $L(Z\mid\Psi^*,\Theta^*)$ 也达到最大。

**证明**：反证法。假设推论 1 的结论不成立，即 $L(Z\mid\Psi^*,\Theta^*)$ 不是最大值。$\exists\Psi^0$ 和 $\exists\Theta^0$（$\Psi^0\neq\Psi^*$ 和 $\Theta^0\neq\Theta^*$），满足 $L(Z\mid\Psi^0,\Theta^0)>L(Z\mid\Psi^*,\Theta^*)$。令 $p(\vartheta^0)=p(\vartheta\mid Z,\Psi^0,\Theta^0)$。根据定理 1，可得 $L(Z\mid\Psi^0,\Theta^0)=\xi(\vartheta^0,\Psi^0,\Theta^0,Z)$

和 $L(Z|\Psi^*,\Theta^*) \geq \xi(\vartheta^*,\Psi^*,\Theta^*,Z)$，那么，$\xi(\vartheta^0,\Psi^0,\Theta^0,Z) > \xi(\vartheta^*,\Psi^*,\Theta^*,Z)$。可推得 $\xi(\vartheta^*,\Psi^*,\Theta^*,Z)$ 不是最大值。这与推论 1 的已知条件相矛盾。由此，推论 1 的结论成立。

根据推论 1 可知，使期望似然函数 $\xi(\vartheta,\Psi,\Theta,Z)$ 最大的用户感知噪声估计值 $\Psi^*$，也使似然函数 $L(Z|\Psi,\Theta)$ 达到最大，得到下面的结论：

**结论 1**：复杂的最大化似然函数问题可转化为最大化期望似然函数问题。其问题形式化描述为

$$< \dot{\Psi} > \quad = \underset{<\Psi,\vartheta,\Theta>}{\arg\max}\xi(\vartheta,\Psi,\Theta,Z) \tag{3.8}$$

以下将研究如何解决式(3.8)中的最大化期望似然函数问题。

## 3.3　基于两层迭代的感知噪声自校正算法

为了解决最大化期望似然函数问题，提出了一种基于两层迭代的感知噪声自校正算法，称为 ACTION（sensor Auto-Calibration algorithm in Two-level Iteration）。ACTION 算法通过两层迭代，逐步地提高感知数据的期望似然函数值直至最大，从而得到用户感知噪声的最优估计值。具体地，如图 3.1 所示，AC-TION 算法主要由两层迭代组成：

①外层迭代：基于用户感知噪声和污染源参数的最新估计值（即 $\Psi^{(t-1)}$ 和 $\Theta^{(t-1)}$），估计污染源的存在性。然后这个估计结果（即 $\vartheta^{(t)}$）在内层循环中被用来重新估计用户感知噪声和污染源参数。这两步迭代执行直至感知数据的期望似然函数值收敛。

②内层迭代：已知污染源存在性的估计值（即 $\vartheta^{(t)}$），交替地估计用户感知噪声和污染源参数，直至感知数据的期望似然函数值收敛。

由图 3.1 可知，在这两层迭代中，ACTION 算法主要由 3 个基本模块组成，即污染源存在性估计、用户感知噪声估计及污染源参数估计。在本节的后面部分，首先分别详细介绍外层迭代中污染源存在性估计方法，以及内层迭代中用

户感知噪声和污染源参数估计方法；其次，给出 ACTION 算法的描述；最后对算法的收敛性和最优性进行理论分析。

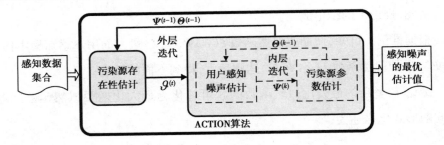

图 3.1　基于两层迭代的感知噪声自校正算法（ACTION）框架

## 3.3.1　污染源存在性估计（外层迭代）

根据定理 1，似然函数 $L(Z \mid \Psi, \Theta)$ 是期望似然函数 $\xi(\vartheta, \Psi, \Theta, Z)$ 的上界。如果给定用户的感知噪声参数值 $\Psi$ 和污染源参数值 $\Theta$，似然函数 $L(Z \mid \Psi, \Theta)$ 是期望似然函数 $\xi(\vartheta, \Psi, \Theta, Z)$ 的最大值。进一步，根据定理 1 可知，当 $p(\vartheta) = p(\vartheta \mid Z, \Psi, \Theta)$ 时，期望似然函数 $\xi(\vartheta, \Psi, \Theta, Z)$ 达到最大。需要说明的是，$p(\vartheta \mid Z, \Psi, \Theta)$ 表示污染源存在性参数 $\vartheta$ 的后验概率。

估计污染源存在性的基本思想是，将污染源存在性的后验概率作为污染源存在性参数的估计值。具体地，用 $\vartheta^{(t)}$ 表示污染源存在性参数在第 $t$ 次迭代中的估计值，即 $\vartheta^{(t)} = \{\vartheta_j^{(t)}, j = 1, 2, \cdots, M\}$，$\vartheta_j^{(t)}$ 表示 $p(\nu_j = 1)$ 在第 $t$ 次迭代中的估计值。$\Psi^{(t-1)}$ 和 $\Theta^{(t-1)}$ 分别表示用户感知噪声参数和污染源参数在第 $t-1$ 次迭代中的估计值，即 $\Psi^{(t-1)} = \{(u_i^{(t-1)}, \sigma_i^{(t-1)}), i = 1, 2, \cdots, N\}$ 和 $\Theta^{(t-1)} = \{(X_j^{(t-1)}, C_j^{(t-1)}), j = 1, 2, \cdots, M\}$。根据贝叶斯定理[79]，污染源存在性参数在第 $t$ 次迭代的估计值为

$$\vartheta_j^{(t)} = p(\nu_j = 1 \mid Z, \Psi^{(t-1)}, \Theta^{(t-1)})$$

$$= \frac{p(Z, \Psi^{(t-1)}, \Theta^{(t-1)} \mid \nu_j = 1) \cdot p(\nu_j = 1)}{\sum\limits_{\tau=0}^{\tau=1} [p(Z, \Psi^{(t-1)}, \Theta^{(t-1)} \mid \nu_j = \tau) \cdot p(\nu_j = \tau)]}$$

$$= \left\{ 1 + F(j,t) \cdot \left( \frac{1}{\vartheta_j^{(t-1)}} - 1 \right) \right\}^{-1} \tag{3.9}$$

其中,$F(j,t)$ 表示 $p(Z,\boldsymbol{\Psi}^{(t-1)},\boldsymbol{\Theta}^{(t-1)} \mid \nu_j = 0)$ 与 $p(Z,\boldsymbol{\Psi}^{(t-1)},\boldsymbol{\Theta}^{(t-1)} \mid \nu_j = 1)$ 的比值。根据式(2.10)、式(3.4)和式(3.5),可计算 $F(j,t)$ 为

$$F(j,t) = \frac{\prod\limits_{i \in \mathbb{U}_j} p(z_{ij},\boldsymbol{\Psi}^{(t-1)},\boldsymbol{\Theta}^{(t-1)} \mid \nu_j = 0)}{\prod\limits_{i \in \mathbb{U}_j} p(z_{ij},\boldsymbol{\Psi}^{(t-1)},\boldsymbol{\Theta}^{(t-1)} \mid \nu_j = 1)}$$

$$= \prod_{i \in \mathbb{U}_j} \exp\left\{ \frac{1}{-2(\sigma_i^{(t-1)})^2} \left[ (m_{ij} - u_i^{(t-1)})^2 - (m_{ij} - \frac{C_j^{(t-1)}}{\parallel X_{ij} - X_j^{(t-1)} \parallel_F^2} - u_i^{(t-1)})^2 \right] \right\}$$

$$\tag{3.10}$$

综上,根据式(3.9)和式(3.10),可以基于用户感知噪声估计值 $\boldsymbol{\Psi}^{(t-1)}$ 和污染源参数估计值 $\boldsymbol{\Theta}^{(t-1)}$,计算污染源存在性参数估计值 $\vartheta^{(t)}$,即 $\vartheta^{(t)} = \{\vartheta_j^{(t)}, j = 1,2,\cdots,M\}$。

### 3.3.2　用户感知噪声和污染源参数估计(内层迭代)

在内层迭代中,基于污染源存在性参数估计值 $\vartheta^{(t)}$,计算用户感知噪声参数和污染源参数新的估计值(即 $\boldsymbol{\Psi}^{(t)}$ 和 $\boldsymbol{\Theta}^{(t)}$),以使式(3.11)中的期望似然函数值最大。

$$\xi(\boldsymbol{\Psi},\boldsymbol{\Theta},Z \mid \vartheta^{(t)}) = \sum_{j=1}^{M} \sum_{i \in U_j} \left\{ \begin{array}{l} \dfrac{\vartheta_j^{(t)} \cdot (m_{ij} - \mathbb{C}_j(X_{ij}) - u_i)^2}{-2\sigma_i^2} \\ + \dfrac{(1 - \vartheta_j^{(t)}) \cdot (m_{ij} - u_i)^2}{-2\sigma_i^2} - \log(\sqrt{2\pi}\sigma_i) \end{array} \right\}$$

$$\tag{3.11}$$

直接计算式(3.11)中的最大期望似然函数值是很困难的。为了解决这个问题,利用一种迭代方法以达到最大化期望似然函数的目的。具体地,以第 $k$ 次迭代为例。首先,基于污染源参数的最新估计值 $\boldsymbol{\Theta}^{(k-1)}$,计算用户感知噪声参数的估计值 $\boldsymbol{\Psi}^{(k)}$;然后基于这个估计结果 $\boldsymbol{\Psi}^{(k)}$,重新估计污染源参数 $\boldsymbol{\Theta}^{(k)}$。以下将详细地介绍这两步。

### 3.3.3　用户感知噪声估计

已知污染源参数估计值 $\Theta^{(k-1)}$，计算用户感知噪声参数的新估计值 $\Psi^{(k)}$（即 $\Psi^{(k)} = \{(u_i^{(k)}, \sigma_i^{(k)}), i = 1, 2, \cdots, N\}$），以使期望似然函数值 $\xi(\Psi, Z \mid \vartheta^{(t)}, \Theta^{(k-1)})$ 最大。可得

$$\left. \frac{\partial \xi(\Psi, Z \mid \vartheta^{(t)}, \Theta^{(k-1)})}{\partial u_i} \right|_{(u_i^{(k)}, \sigma_i^{(k)})} = 0 \tag{3.12}$$

$$\left. \frac{\partial \xi(\Psi, Z \mid \vartheta^{(t)}, \Theta^{(k-1)})}{\partial \sigma_i} \right|_{(u_i^{(k)}, \sigma_i^{(k)})} = 0 \tag{3.13}$$

在式(3.12)和式(3.13)中仅用户感知噪声参数 $\Psi$ 是未知的，解这两个偏微分方程组是很简单的。用户感知噪声参数的估计值（即 $\Psi^{(k)} = \{(u_i^{(k)}, \sigma_i^{(k)}), i = 1, 2, \cdots, N\}$）计算得

$$u_i^{(k)} = \frac{1}{J_i} \sum_{j \in S_i} \left\{ m_{ij} - \frac{C_j^{(k-1)} \cdot \vartheta_j^{(t)}}{\| X_{ij} - X_j^{(k-1)} \|_F^2} \right\} \tag{3.14}$$

$$(\sigma_i^{(k)})^2 = \frac{1}{J_i} \sum_{j \in S_i} \left\{ (1 - \vartheta_j^{(t)}) \cdot (m_{ij} - u_i^{(k)})^2 \right.$$

$$\left. + \vartheta_j^{(t)} \cdot (m_{ij} - \frac{C_j^{(k-1)}}{\| X_{ij} - X_j^{(k-1)} \|_F^2} - u_i^{(k)})^2 \right\} \tag{3.15}$$

其中，$S_i$ 表示第 $i$ 个用户感知到的污染源集合，$J_i$ 表示集合 $S_i$ 中的元素个数，即 $J_i = |S_i|$。

### 3.3.4　污染源参数估计

已知用户感知噪声参数的估计值 $\Psi^{(k)}$，计算污染源参数的估计值 $\Theta^{(k)}$（即 $\Theta^{(k)} = \{(C_j^{(k)}, X_j^{(k)}), j = 1, 2, \cdots, N\}$），以使式(3.8)中的期望似然函数值最大。污染源存在性参数和用户感知噪声参数值已知，这个期望似然函数可以简化为

$$\xi_1(Z, \Theta \mid \vartheta^{(t)}, \Psi^{(k)}) = \sum_{j=1}^{M} \sum_{i \in U_j} \left\{ \frac{\vartheta_j^{(t)}}{-2(\sigma_i^{(k)})^2} \cdot (m_{ij} - \frac{C_j}{\| X_{ij} - X_j \|_F^2} - u_i^{(k)})^2 \right\}$$

$$\tag{3.16}$$

式(3.16)中只有污染源参数未知,最大化这个似然函数是一个简单的无约束非线性凸优化问题,拟牛顿方法[78]能够很好地解决这种优化问题。

### 3.3.5　算法描述

基于两层迭代的感知噪声自校正算法(ACTION)的描述见表3.1。首先,在算法的第1行,对污染源存在性参数、用户感知噪声参数以及污染源参数进行初始化。下文的仿真实验结果表明,算法的可收敛性、初始值的设置对校正精度影响很小。其次,ACTION 算法主要由两层迭代组成。在外层迭代(第3行),基于用户感知噪声参数和污染源参数的最新估计值,估计污染源的存在性参数。其次,在第4—8行,基于这个估计结果,内层迭代重新估计用户感知噪声参数和污染源参数。在第9行,当内层迭代收敛后,将用户感知噪声估计值和污染源参数估计值的收敛值作为它们在外层迭代中新的估计值。最后,在第12—13行,当外层迭代收敛后,将用户感知噪声参数估计值的收敛值作为它的最优估计值,即 $\hat{u}_i$ 和 $\hat{\sigma}_i$。

所提算法的时间复杂度为 $O(N \cdot M \cdot T \cdot K)$,其中 $N, M, T$ 和 $K$ 分别表示感知用户人数、污染源个数、外层迭代次数和内层迭代次数。下面的实验结果表明,外层迭代和内层迭代的次数都非常少。同时,仿真实验对算法的时间耗费进行评估。实验结果表明,所提算法的执行时间随着感知用户人数和污染源个数的增加呈近似线性的增长。

表 3.1　基于两层迭代的用户感知噪声自校正算法(ACTION)

---

**输入:**

用户的感知数据集合: $Z = \{(m_{ij}, X_{ij}), j = 1, 2, \cdots, M, i \in \mathbb{U}_j\}$

**输出:**

用户感知噪声的参数估计值: $\hat{\Psi} = \{(\hat{u}_i, \hat{\sigma}_i), i = 1, 2, \cdots, N\}$

---

续表

---

1. 用 $\vartheta^{(0)}$, $\Psi^{(0)}$ 和 $\Theta^{(0)}$ 分别初始化未知参数 $\vartheta$, $\Psi$ 和 $\Theta$

2. while $\xi(\vartheta^{(t-1)}, \Psi^{(t-1)}, \Theta^{(t-1)})$ 未收敛 do

3. 基于 $\Psi^{(t-1)}$ 和 $\Theta^{(t-1)}$, 根据式(3.9)和式(3.10), 计算 $\vartheta^{(t)}$

4. while $\xi(\Psi^{(k-1)}, \Theta^{(k-1)} | \vartheta^{(t)})$ 未收敛 do

5. 基于 $\vartheta^{(t)}$ 和 $\Theta^{(k-1)}$, 根据式(3.14)和式(3.15), 计算 $\Psi^{(k)}$

6. 基于 $\vartheta^{(t)}$ 和 $\Psi^{(k)}$, 根据式(3.16), 计算 $\Theta^{(k)}$

7. $k = k + 1$

8. end while

9. 用 $\Psi^{(t)}$ 和 $\Theta^{(t)}$ 分别表示 $\Psi^{(k)}$ 和 $\Theta^{(k)}$ 的收敛值

10. $t = t + 1$

11. end while

12. 用 $\dot{\Psi}$ 表示 $\Psi^{(t)}$ 的收敛值

13. return $\dot{\Psi} = \{(\hat{u}_i, \hat{\sigma}_i), i = 1, 2, \cdots, N\}$

---

### 3.3.6 收敛性和最优性分析

本节从两层迭代的角度去理论分析 ACTION 算法的收敛性和最优性。

（1）内层迭代分析

本小节讨论 ACTION 算法内层迭代的收敛性 $\Psi^{(k)}$，并以第 k 次迭代为例。期望似然函数值初始时为 $\xi(\Psi^{(k-1)}, \Theta^{(k-1)}, Z | \vartheta^{(t)})$。内层迭代的每次迭代包括两步，即用户感知噪声估计和污染源参数估计。

在用户感知噪声估计中，根据式(3.14)和式(3.15)，计算用户感知噪声参数的估计值，以使期望似然函数值 $\xi(\Psi, Z | \vartheta^{(t)}, \Theta^{(k-1)})$ 最大，可得

$$\xi(\Psi^{(k-1)}, \Theta^{(k-1)}, Z | \vartheta^{(t)}) \leqslant \xi(\Psi^{(k)}, \Theta^{(k-1)}, Z | \vartheta^{(t)}) \qquad (3.17)$$

在污染源参数估计中，通过解最大化似然函数 $\xi_1(Z, \Theta | \vartheta^{(t)}, \Psi^{(k)})$ 的最优

化问题,得到污染源参数的估计值 $\Theta^{(k)}$。可得 $\xi_1(Z,\Theta^{(k-1)}\mid\vartheta^{(t)},\Psi^{(k)})\leqslant\xi_1(Z,$ $\Theta^{(k)}\mid\vartheta^{(t)},\Psi^{(k)})$。可推得

$$\xi(\Psi^{(k)},\Theta^{(k-1)},Z\mid\vartheta^{(t)})\leqslant\xi(\Psi^{(k)},\Theta^{(k)},Z\mid\vartheta^{(t)}) \tag{3.18}$$

$\xi(\Psi,\Theta,Z\mid\vartheta^{(t)})$ 是凹函数,在式(3.17)和式(3.18)中,当且仅当期望似然函数值达到最大时等号才成立。根据式(3.17)和式(3.18),期望似然函数值随着内层迭代的每步迭代不断地增大。得到下面的结论:

**结论 2**:如果已知污染源存在性参数,那么期望似然函数值随着 ACTION 算法内层迭代的不断迭代而逐步地提高,直至最大。

(2)外层迭代分析

本小节分析 ACTION 算法外层迭代的收敛性和最优性。根据定理1,很容易得到推论2。它的证明简单,这里省略。

**推论 2**:如果给定了 $\Psi^{(t-1)}$,$\Theta^{(t-1)}$ 和 $Z$,当且仅当 $p(\vartheta)=p(\vartheta\mid Z,\Psi^{(t-1)},$ $\Theta^{(t-1)})$ 时,期望似然函数值 $\xi(\vartheta,\Psi^{(t-1)},\Theta^{(t-1)},Z)$ 最大。

在外层迭代的第一步中利用污染源存在性的后验概率作为污染源存在性参数的估计值。根据推论2,在外层迭代的第一步,已知污染源参数和用户感知噪声参数的估计值时,期望似然函数值达到最大。

在外层迭代的第二步,基于污染源存在性参数的估计值,利用内层迭代重新估计污染源参数和用户感知噪声参数。根据前面内层迭代的分析,当已知污染源存在性参数的估计值时,其期望似然函数值达到最大。

综上,随着外层迭代的不断迭代,期望似然函数值逐步地增大。由于群智感知数据是确定和已知的,因此,它的最大期望似然函数值是存在的。外层迭代可以收敛到感知数据的最大期望似然函数值。根据推论1,使期望似然函数最大的解能使似然函数最大。可以得到下面的结论:

**结论 3**:ACTION 算法可以收敛到用户感知噪声参数的最优估计值,即感知数据的似然函数值最大。

# 3.4 实验性能分析

本节用仿真实验来评估 ACTION 算法的性能。首先介绍实验场景以及参数设置;然后从两层迭代的收敛性以及用户感知噪声参数的估计精度两个方面评估 ACTION 算法的性能。

## 3.4.1 仿真实验方法和参数设置

实验模拟了一个较大规模的基于群智感知网络的污染源监控系统。为了评估所提算法的性能,将它与 3 种基本方法进行比较。第一种方法未考虑污染源的存在性,包括 ML-H1 算法和 ML-H0 算法。ML-H1 算法基于假设 $H_1$(即污染源都存在),而 ML-H0 算法基于假设 $H_0$(即污染源都不存在)。它们基于这些假设直接利用最大似然估计方法,估计用户感知噪声的参数。而另一种方法考虑了污染源的存在性,却忽略了污染源参数估计对用户感知噪声估计的影响。

所有的仿真程序都用 MATLAB 实现,并在 Intel Core i3 处理器、2 GB RAM 的个人计算机上运行。所有的仿真结果都是运行 100 次的统计结果。

## 3.4.2 两层迭代的收敛性

第一个实验验证 ACTION 算法两层迭代的收敛性。污染源个数 $M$ 设置为 30,其存在概率 $p_s$ 为 0.6。同时,感知用户的人数 $N$ 设置为 60,其感知概率 $p_u$ 为 0.6。外层迭代的最大迭代次数设置为 15。

如图 3.2 和图 3.3 所示,显示了期望似然函数值在两层迭代中每一步的变化,包括污染源存在性估计、污染源参数估计以及用户感知噪声估计。图 3.2 显示全局图,而图 3.3 显示第 22 步迭代以后的局部图。期望似然函数值随着两层迭代的不断迭代逐步提高。其原因是,在外层迭代中,基于污染源参数和用户感知噪声参数的估计值,估计污染源存在性;在内层迭代中,这个估计结果被用来重新修正污染源参数和用户感知噪声参数的估计值。污染源存在性估计和污染源参数估计的精度都对用户感知噪声参数的估计精度有重要的影响。另外,如图 3.2 所示,期望似然函数值在外层迭代的前两步迭代中增长很迅速。外层迭代和内层迭代都收敛很快。如图 3.3 所示,ACTION 算法在外层迭代中迭代 11 次后就收敛,其内层迭代的迭代次数都不超过 3 次。

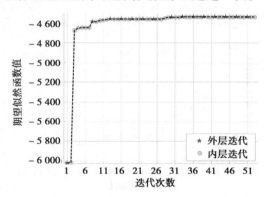

图 3.2　期望似然函数值与两层迭代之间的关系(全局图)

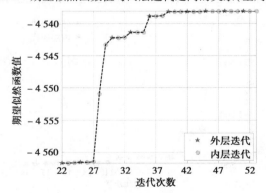

图 3.3　期望似然函数值与两层迭代之间的关系(局部图)

分析每次迭代对 ACTION 算法性能的影响,包括污染源存在性、污染源参数以及用户感知噪声参数的估计精度。如图 3.4 所示,识别真实污染源的假阴性随着外层迭代的每次迭代逐步降低,而其假阳性自始至终都是 0,没有展示出来。外层迭代的每步迭代都能够逐步提高污染源存在性的估计精度。如图 3.5 所示,随着 ACTION 算法两层迭代的不断迭代,污染源的参数估计精度逐步提高。值得说明的是,污染源其他参数(如总强度)的变化规律与源位置类似,本节只显示污染源位置的估计精度与迭代次数之间的关系。如图 3.6 和图 3.7 所示,用户感知噪声参数(包括均值和均方差)的估计精度都随着两层迭代的不断迭代逐步提高。

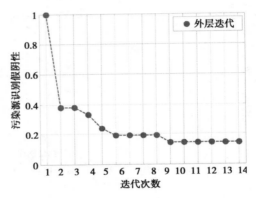

图 3.4　污染源存在性估计精度(假阴性)与两层迭代之间的关系

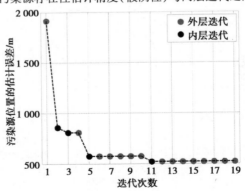

图 3.5　污染源参数的估计精度与两层迭代之间的关系

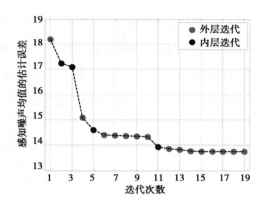

图 3.6 用户感知噪声参数(均值)的估计精度与两层迭代之间的关系

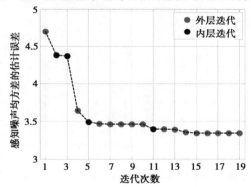

图 3.7 用户感知噪声参数(均方差)的估计精度与两层迭代之间的关系

### 3.4.3 用户感知噪声的估计性能

在本节,将 ACTION 算法与 3 种基本算法进行比较,对用户感知噪声的估计精度,从 5 个方面进行评估,包括用户感知概率、感知用户人数、污染源存在概率、污染源个数以及初始设置参数。最后对算法的时间耗费进行评估。用两个指标来评估用户感知噪声参数的估计精度,即感知噪声均值的相对平均估计误差(简称噪声均值的估计误差)以及感知噪声均方差的相对平均估计误差(简称噪声均方差的估计误差)。

(1)用户感知概率的影响

用户的感知概率 $p_u$ 在 0.3 到 0.9 之间均匀变化。如图 3.8 和图 3.9 所示,

ACTION 算法无论在噪声均值估计精度还是噪声均方差估计精度都要优于 3 种基本算法。较之 3 种基本算法的最好性能,ACTION 算法降低了噪声均值估计误差 20%,降低了噪声均方差估计误差 31%。进一步,用户感知概率的变化对 ACTION 算法的性能影响较小,即使在较低的感知概率情况下(如 0.3),所提算法仍能达到很高的估计精度。

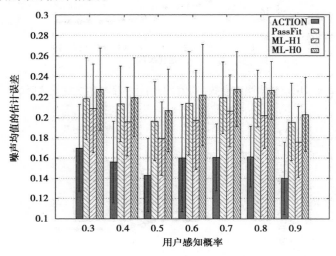

图 3.8　用户感知噪声参数(均值)的估计精度与用户感知概率之间的关系

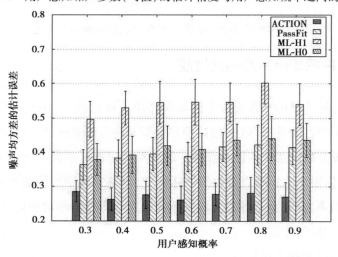

图 3.9　用户感知噪声参数(均方差)的估计精度与用户感知概率之间的关系

（2）感知用户人数的影响

感知用户人数从 20 变化到 90。如图 3.10 和图 3.11 所示，无论在感知噪声均值估计精度还是在噪声均方差估计精度上，ACTION 算法都优于 3 种基本算法。具体地，所提算法比 3 种基本算法的最优性能在噪声均值估计误差上降低了 17%，在噪声均方差估计误差上降低了 29%。

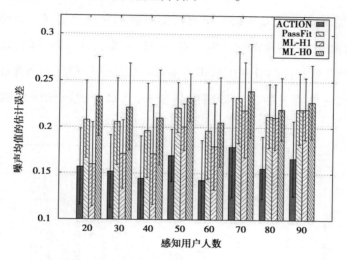

图 3.10　用户感知噪声参数（均值）的估计精度与感知用户人数之间的关系

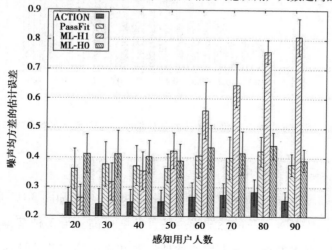

图 3.11　用户感知噪声参数（均方差）的估计精度与感知用户人数之间的关系

（3）污染源存在概率的影响

污染源存在概率在 0.2 到 0.9 之间变化。如图 3.12 和图 3.13 所示,AC-TION 算法的感知噪声估计精度比 3 种基本算法都高。较之 3 种基本算法,所提算法在噪声均值估计误差和噪声均方差估计误差上分别降低了 22% 和 31%。另外,对 ACTION 算法和 3 种基本算法,噪声估计精度都随着存在概率的提高而降低。ML-H0 算法是基于假设所有污染源都不存在的情况。当污染源的存在概率增大时,它的估计精度降低。对 ACTION 算法、PassFit 算法以及 ML-H1 算法,用户感知噪声的估计精度依赖污染源参数的估计精度。当存在的污染源个数增加时,污染源参数的估计精度将变差,从而导致感知噪声的估计精度降低。

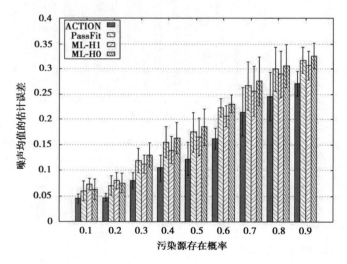

图 3.12　用户感知噪声参数(均值)的估计精度与污染源存在概率之间的关系

（4）污染源个数的影响

设置污染源个数在 10 到 45 之间变化。如图 3.14 和图 3.15 所示,较之 3 种基本算法,ACTION 算法的感知噪声估计精度更高。与 3 种基本算法的最好性能比较,ACTION 算法在噪声均值估计误差和噪声均方差估计误差上分别降低了 19% 和 29%。进一步,所提算法的估计精度随着污染源个数的减小而变

化较小。即使在只有少量污染源的情况下(如 10 个),ACTION 算法也能达到很

高的估计精度。

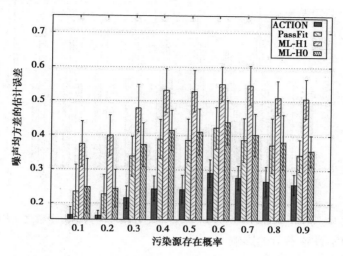

图 3.13　用户感知噪声参数(均方差)的估计精度与污染源存在概率之间的关系

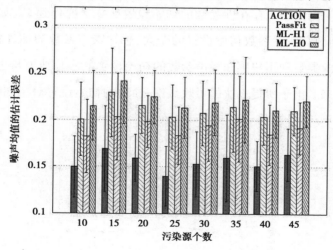

图 3.14　用户感知噪声参数(均值)的估计精度与污染源个数之间的关系

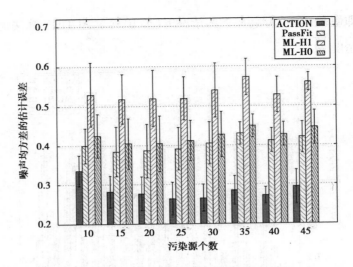

图 3.15　用户感知噪声参数(均方差)的估计精度与污染源个数之间的关系

(5)初始设置参数的影响

在这个实验中,研究 ACTION 算法中参数的初始设置对用户感知噪声估计精度的影响。将污染源存在性参数的初始设置从 0.1 变化到 1。如图 3.16 所示,随着污染源存在性参数初始设置的变大,感知噪声参数的估计精度变化很微小。污染源参数和用户感知噪声参数的初始设置的实验结果与之相似,这里不再展示出来。由于所提算法的可收敛性,参数的初始设置对感知噪声的估计精度影响较小。

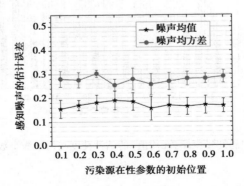

图 3.16　用户感知噪声的估计精度与污染源存在性参数的初始设置之间的关系

（6）算法的时间耗费评估

通过仿真实验，在 Dell 电脑（i3、3.3 GHz 处理器和 2 GB RAM）上对 AC-TION 算法的时间耗费进行评估。设置污染源个数为 20，将感知用户人数从 100 变化到 900。如图 3.17 所示，所提算法的执行时间与感知用户人数呈近似线性关系。同样，设置感知用户人数为 200，变化污染源个数从 10 到 120。如图 3.18 所示，所提算法的执行时间也随着污染源个数的增加而近似线性地增长。此外，污染源个数的增加比感知用户人数的增加对执行时间的影响更大。综上，ACTION 算法的时间耗费随着感知用户人数和污染源个数的增加而近似线性地增长。

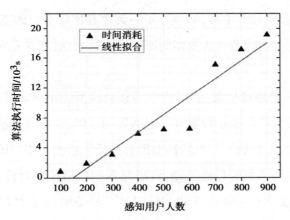

图 3.17　算法的时间耗费（千秒）与感知用户人数之间的关系

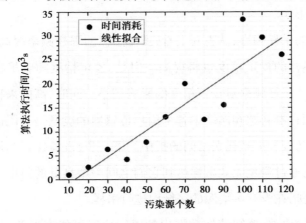

图 3.18　算法的时间耗费（千秒）与污染源个数之间的关系

## 3.5　技术讨论和扩展

本节将讨论 4 个影响因素对用户感知噪声校正精度的影响。

①**传感器感知值的时变误差**:根据文献[72]中的实验结果,低成本的传感器易产生随时间变化的感知误差,需要周期性地校正。本章方法无须特定的校正过程就能完成校正,它无须周期性地校正,很好地解决了这个问题。具体地,在每次执行污染源监控任务过程中,所提方法能够同时进行传感器校正。进一步,这个时变误差变化非常慢,如经过了一天才有比较明显的变化[72]。即使当一些用户在短时间内没有上传数据而不能重新校正,时变误差对校正精度影响也不大。

②**感知用户的移动模型**:感知用户的移动模型决定感知数据的时空分布,从而对用户感知噪声的校正性能有一定的影响。但是,本章方法仅仅需要输入感知数据集合,而不对感知用户的移动模型作任何假设。用户的移动模型不是本章的重点。作为本章的后续工作,将研究不同移动模型对校正性能的影响,包括随机游走模型(Random Walk Model)[90]和曼哈顿模型(Manhattan Model)[91]。同时,将采集人的实际移动数据(如 Dartmouth data set[92])来进一步评估移动模型的影响。

③**传感器的采样频率**:从直观上看,当传感器的采样频率提高,采样的数据将增多,则传感器的校正精度也将提高。但是,校正精度随着采样数据的增多而提高很缓慢。采样频率对校正精度的影响较小。同时,高的采样频率将消耗大量的能量,而在群智感知网络中各个用户传感器的能量是有限的。采样频率能够控制校正精度和能量耗费之间的折中。下一步,准备探索利用感知用户之间的信息共享,通过避免无效采样达到它们之间一个良好的折中。需要说明的是,无效采样是指在没有污染源的区域内进行采样。

④**感知位置误差**:群智感知数据中的感知位置可能有误差,如手机的 GPS

数据。本章作了一个基本的仿真实验来研究感知位置误差对校正精度的影响。如图 3.19 所示,与传感器的感知噪声比较,感知位置的误差对污染浓度感知精度的影响可以忽略。值得说明的是,在图 3.19 中,当感知位置误差为 0 m 时,传感器的污染浓度感知误差主要由传感器的感知噪声引起。小范围的感知位置误差对传感器的校正精度影响较小。

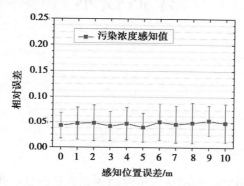

图 3.19 传感器的污染浓度感知误差与感知位置误差之间的关系

# 3.6 本章小结

本章在上文的基础上,研究群智感知网络中既不合作又不受控制用户的感知噪声校正。所提方法无须一个专门的、合作的校正过程,在监控污染源的过程中同时对用户感知噪声进行校正。通过对最大期望方法的扩展,提出了一种基于两层迭代的用户感知噪声的自校正算法,很好地解决了污染源存在性估计、污染源参数估计以及用户感知噪声估计之间紧耦合这个挑战。理论推导与实验结果表明,所提算法通过迭代能够收敛到用户感知噪声参数的最优估计值,即感知数据的似然值最大。同时,仿真实验结果表明,较之当前 3 种基本的校正算法,所提算法能够大幅度地提升用户感知噪声的校正精度。

# 第4章 基于置信区间的用户感知质量评估技术

## 4.1 引 言

本章主要研究群智感知网络中用户的感知质量评估。用户低成本、低耗费的感知设备易产生感知噪声[72][28, 56, 65]，导致感知数据很不准确。用户感知质量主要是指用户的感知噪声。用户感知质量随着他们感知设备的不同而不同，并且还随着用户使用手机方式的变化而变化，如将手机拿在手上、放在衣服口袋里以及放在背包里的感知噪声都不同[93]。考虑感知用户不受控制以及隐私保护，想从用户直接获取他们的感知质量是非常困难的。但是用户的感知质量对群智感知网络是非常重要的。例如，它可以作为一个指标来评判感知用户对群智感知应用的贡献，以便设计用户的激励机制[17]，而这是群智感知网络中又一项关键的工作。同时，用户感知质量可以被群智感知网络中心平台用来根据需求挑选合适的感知用户[45]。此外，准确评估各个用户的感知质量是评估感知数据融合后精度的基础。评估每个用户的感知质量是群智感知网络中一项很基础而又非常重要的工作。

目前，只有少量工作对群智感知网络中用户感知质量评估进行了研究。但是，当前的研究都不能有效地评估和度量用户的感知质量。本部分第3章的方法能够根据感知数据估计用户感知噪声的参数值。然而，由于用户感知质量的不确定性,这种基于平均估计值的方法不能准确地评估用户的感知质量。此外,与本章的工作类似,文献[48,50]在社会感知网络中提出了一种基于置信区间的用户可信性估计。这种方法主要针对简单的 0-1 社会感知数据,而本章中群智感知数据远比 0-1 数据复杂。该方法不能解决本章的问题。

　　本章在第 3 章的基础上,提出了一种基于置信区间的用户感知质量评估方法,利用置信区间对用户的感知质量进行更加准确的评估,解决了感知质量的不确定性问题。首先,利用基于最大期望的迭代估计算法,得到感知噪声和污染源存在性的最大似然估计值。然后,基于前面的估计值,利用最大似然估计的渐近正态性(Asymptotic Normality)[94]和 Fisher 信息(Fisher information)[95]计算用户感知质量的置信区间。仿真结果表明,所提方法能够基于感知数据得到准确的用户感知质量的置信区间。综上,本章的主要贡献是利用数理统计中的最大期望算法、最大似然估计的渐近正态性以及 Fisher 信息,提出了一种能够准确计算用户感知质量置信区间的方法。所提方法通过迭代,成功地同时解决了感知质量和污染源的不确定性,对不确定的用户感知质量给出了确定性的评估,即它的置信区间。

## 4.2　基于置信区间的用户感知质量评估方法

　　在本节,提出了基于置信区间的用户感知质量评估方法。首先对问题进行形式化描述和概述所提方法;其次详细介绍所提方法的两个主要部分;最后给出算法的描述。

### 4.2.1　问题形式化和方法概述

　　在基于群智感知网络的污染源监控模型的基础上,对本章所研究的问题进行形式化描述。

基于置信区间的用户感知质量评估问题：已知感知数据集合 $Z$ [式 (2.10)]、污染源的参数集合 $\Phi$ 和置信度 $\rho\%$，在未知污染源存在性信息和用户感知噪声参数的情况下，如何计算每个用户感知质量的置信区间，即用户感知噪声参数的置信区间，如式(4.1)中的噪声均值置信区间和式(4.2)中的噪声均方差置信区间。

$$[\hat{u}_i - \Delta u_i, \hat{u}_i + \Delta u_i], \rho\%, i = 1, \cdots, N \qquad (4.1)$$

$$[\hat{\sigma}_i - \Delta \sigma_i, \hat{\sigma}_i + \Delta \sigma_i], \rho\%, i = 1, \cdots, N \qquad (4.2)$$

其中，$u_i$ 和 $\sigma_i$ 分别表示第 $i$ 个用户感知噪声的均值和均方差；$\hat{u}_i$ 和 $\hat{\sigma}_i$ 分别表示感知噪声的均值 $u_i$ 和均方差 $\sigma_i$ 的估计值；污染源的参数集合 $\Phi = \{(X_j, C_j), j = 1, 2, \cdots, M\}$。

为了解决上述问题，本章提出了一种基于置信区间的用户感知质量评估方法，称为 FSP(Feel Sensors' Pulse)。如图 4.1 所示，FSP 方法主要由两个部分组成，即基于最大期望的参数估计和用户感知质量的置信区间计算。在第一部分，利用最大期望方法[59]，计算用户感知噪声参数的最大似然估计值(即 $\hat{u}_i$ 和 $\hat{\sigma}_i$)，以及污染源存在性参数的估计值 $\hat{\vartheta}_j$。在第二部分，基于这些估计值，利用最大似然估计的渐近正态性和 Fisher 信息来计算用户感知质量的置信区间，即 $[\hat{u}_i \pm \Delta u_i]$ 和 $[\hat{\sigma}_i \pm \Delta \sigma_i]$。

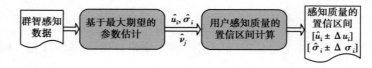

图 4.1　基于置信区间的用户感知质量评估方法(FSP)的框架

## 4.2.2　基于最大期望的参数估计

在本节，利用第 2 章中基于最大期望的迭代估计算法，计算用户的感知噪声参数和污染源存在性参数的最大似然估计值。本节将简要地介绍其推导结果，而不再具体介绍其推导过程。

选择污染源存在性参数集 $\vartheta$ 作为隐含变量,即 $\vartheta = \{\nu_j, j = 1, 2, \cdots, M\}$。基于隐含变量的感知数据集合的似然函数为

$$L(Z) = \sum_{j=1}^{M} \left\{ \nu_j \cdot \sum_{i \in U_j} \log[p(z_{ij} \mid S_j^t)] + (1 - \nu_j) \cdot \sum_{i \in U_j} \log[p(z_{ij} \mid S_j^f)] \right\}$$

$$(4.3)$$

其中,$\nu_j$ 表示第 $j$ 个污染源的存在性,$\nu_j = 1(0)$ 表示第 $j$ 个污染源存在(或者不存在)。

令 $\vartheta_j^{(t)}$ 表示第 $t$ 步迭代中第 $j$ 个污染源存在性参数的估计值,即 $p(\nu_j = 1)$ 的估计值,则:$(j = 1, 2, \cdots, M)$

$$\vartheta_j^{(t)} = \left\{ 1 + F(j,t) \cdot \left( \frac{1}{\vartheta_j^{(t-1)}} - 1 \right) \right\}^{-1} \tag{4.4}$$

其中,$F(j,t) = \prod_{i \in U_j} \exp\left\{ \frac{1}{-2(\sigma_i^{(t-1)})^2} \left[ (m_{ij} - u_i^{(t-1)})^2 - \left( m_{ij} - \frac{C_j}{\|X_{ij} - X_j\|^2} - u_i^{(t-1)} \right)^2 \right] \right\}$。

第 $i$ 个用户在第 $t$ 步迭代中感知噪声参数的估计值为:$(i = 1, 2, \cdots, N)$

$$u_i^{(t)} = \frac{1}{J_i} \sum_{j \in S_i} \{ m_{ij} - \vartheta_j^{(t)} \cdot \mathbb{C}_{ij} \} \tag{4.5}$$

$$(\sigma_i^{(t)})^2 = \frac{1}{J_i} \sum_{j \in S_i} \{ (1 - \vartheta_j^{(t)}) \cdot (m_{ij} - u_i^{(t)})^2 + \vartheta_j^{(t)} \cdot (m_{ij} - \mathbb{C}_{ij} - u_i^{(t)})^2 \}$$

$$(4.6)$$

其中,$\mathbb{C}_{ij} = \dfrac{C_j}{\|X_{ij} - X_j\|^2}$。$S_i$ 表示第 $i$ 个用户感知到的污染源集合,$J_i$ 表示该集合中元素的个数。

综上,通过逐步迭代,所提算法最终能够得到用户感知噪声和污染源存在性参数的最大似然估计值,用 $\hat{\Psi}$ 和 $\hat{\vartheta}$ 分别表示它们,即 $\hat{\Psi} = \{(\hat{u}_i, \hat{\sigma}_i), i = 1, \cdots, N\}$ 和 $\hat{\vartheta} = \{\hat{\vartheta}_j, j = 1, \cdots, M\}$。

## 4.2.3　用户感知质量的置信区间计算

在本小节,利用最大似然估计的渐近正态性和 Fisher 信息来推导和计算用

户感知质量的置信区间。首先,基于上文的估计结果,推导感知噪声的 Fisher 信息矩阵;其次,根据这个矩阵,利用最大似然估计的渐近正态性,推导出用户感知质量的置信区间。

(1)Fisher 信息计算

Fisher 信息是表征随机观察变量 $Z$ 携带关于未知参数 $\Theta$ 的信息[95]。其中,观察变量 $Z$ 的概率分布依赖未知参数 $\Theta$ 的值。为了便于 Fisher 信息的推导和计算,得到的污染源存在性参数的估计值 $\hat{\vartheta}_j$,根据式(4.3)中的似然函数,得到近似的似然函数,见式(4.7)。这样处理的合理性是,利用迭代估计算法计算的污染源存在性参数估计值与真实值很接近[28],可以作为真实值的近似值。

$$\hat{L}(Z \mid \Theta) = \sum_{j=1}^{M} \left\{ \hat{\vartheta}_j \cdot \sum_{i \in U_j} \log[p(z_{ij} \mid S_j^t)] + (1 - \hat{\vartheta}_j) \cdot \sum_{i \in U_j} \log[p(z_{ij} \mid S_j^f)] \right\}$$

$$(4.7)$$

其中,$\Theta$ 表示用户感知噪声参数向量,形式化表示为

$$\Theta = \{\theta_i, i = 1, 2, \cdots, 2N\} \tag{4.8}$$

$$\theta_i = \begin{cases} u_i & i = 1, 2, \cdots, N \\ \sigma_{i-N} & i = N+1, \cdots, 2N \end{cases} \tag{4.9}$$

基于式(4.7)中的似然函数,根据文献[89],用户感知噪声参数的 Fisher 信息定义为

$$I(\Theta) = -E\left(\frac{\partial^2 \widetilde{L}(Z \mid \Theta)}{\partial \Theta^2}\right) \tag{4.10}$$

用矩阵 $(\gamma(h,k))|_{2N \times 2N}$ 表示 $I(\Theta)$。根据式(4.10),可得

$$\gamma(h,k) = -E\left(\frac{\partial^2 \widetilde{L}(Z \mid \Theta)}{\partial \theta_h \partial \theta_k}\right), h,k \in [1,2N] \tag{4.11}$$

为了便于推导,将矩阵 $I(\Theta)$ 拆分成 4 个 $N \times N$ 的分块矩阵,然后单独计算每一个分块矩阵。Fisher 信息矩阵 $I(\Theta)$ 可以重新表示为

$$I(\Theta) = \begin{pmatrix} I_1(\Theta)\mid_{N\times N}, & I_2(\Theta)\mid_{N\times N} \\ I_3(\Theta)\mid_{N\times N}, & I_4(\Theta)\mid_{N\times N} \end{pmatrix} \qquad (4.12)$$

4 个分块矩阵的推导计算很相似,只详细介绍第二个分块矩阵 $I_2(\Theta)$ 的计算过程。

令 $\tilde{k} = k - N$。对矩阵 $I_2(\Theta)$,由于 $h \in [1,N]$ 和 $k \in (N,2N)$,因此,$\theta_h = u_h$ 和 $\theta_k = \sigma_{\tilde{k}}$。根据式(4.11),可得

$$\gamma(h,k) = -E\left(\frac{\partial^2 \hat{L}(Z\mid\Theta)}{\partial u_h \partial \sigma_{\tilde{k}}}\right) \qquad (4.13)$$

当 $h \neq \tilde{k}$ 时,根据式(4.7)和式(4.13),得到 $\gamma(h,k)=0$。

当 $h = \tilde{k}$ 时,根据式(4.7)和式(4.13),得到

$$\gamma(h,k) = \sum_{j\in S_h} \frac{2}{\sigma_h^3}\left(E(m_{hj}) - u_h - \hat{\vartheta}_j \cdot \mathbb{C}_{hj}\right) \qquad (4.14)$$

其中,$E(m_{hj})$ 表示污染浓度测量值 $m_{hj}$ 的期望值。根据式(2.3)和式(2.4),可得

$$E(m_{hj}) = E(m_{hj}/H0) \cdot p(H0) + E(m_{hj}/H1) \cdot p(H1)$$

$$= u_h + \hat{\vartheta}_j \cdot \mathbb{C}_{hj} \qquad (4.15)$$

将式(4.15)代入式(4.14),可得 $\forall h \in [1,N]$ 和 $\forall k \in (N,2N)$,$\gamma(h,k)=0$,可得

$$I_2(\Theta) = \{0\} \qquad (4.16)$$

基于上面的推导,最终得到的 Fisher 信息矩阵 $I(\Theta)$ 为

$$\gamma(h,k) = \begin{cases} \dfrac{J_h}{\sigma_h^2} & h = k \in [1,N] \\ \dfrac{\beta_{\tilde{h}}}{\sigma_{\tilde{h}}^2} & h = k \in (N,2N) \\ 0 & \text{其他} \end{cases} \qquad (4.17)$$

其中，$\tilde{h} = h - N$。$\beta_{\tilde{h}}$ 的计算公式为

$$\beta_{\tilde{h}} = 2J_{\tilde{h}} + (\hat{\sigma}_{\tilde{h}})^{-2} \cdot \sum_{j \in S_{\tilde{h}}} \{3\hat{\vartheta}_j \cdot (1 - \hat{\vartheta}_j) \cdot (\mathbb{C}_{\tilde{h}j})^2\} \tag{4.18}$$

（2）置信区间的推导

利用最大似然估计的渐近正态性来推导用户感知噪声参数的置信区间。最大似然估计的渐近正态性是指当测量值数目很多时，最大似然估计值的分布趋近于正态分布[96-97]。具体地，估计误差的分布为

$$(\hat{\Theta} - \Theta) \xrightarrow{d} N(0, I^{-1}(\hat{\Theta})) \tag{4.19}$$

其中，$\hat{\Theta}$ 表示用户感知噪声参数向量 $\Theta$ 的估计值。$I^{-1}(\hat{\Theta})$ 指 Fisher 信息矩阵的逆矩阵。

根据式（4.19），可得在 $\rho\%$ 置信度下感知噪声参数向量 $\Theta$ 的置信区间为

$$\left[\hat{\Theta} - c_\rho \cdot \sqrt{I^{-1}(\hat{\Theta})}, \hat{\Theta} - c_\rho \cdot \sqrt{I^{-1}(\hat{\Theta})}\right] \tag{4.20}$$

其中，$c_\rho$ 表示置信度 $\rho\%$ 的标准正态分布值。它是由置信度决定的常数，如根据标准正态分布查询表[98]，当 $\rho\% = 95\%$ 时，$c_\rho = 1.65$。

根据式（4.20），可得用户感知噪声参数 $\theta_i(\theta_i \in \Theta)$ 的置信区间为

$$\left[\hat{\theta}_i - c_\rho \cdot \sqrt{I_{i,i}^{-1}(\hat{\Theta})}, \hat{\theta}_i + c_\rho \cdot \sqrt{I_{i,i}^{-1}(\hat{\Theta})}\right] \tag{4.21}$$

根据式（4.17），可知 Fisher 信息矩阵 $I(\Theta)$ 是一个对角矩阵，可得 $I^{-1}(\hat{\Theta})$ 为

$$I^{-1}(\hat{\Theta}) = \begin{cases} \sigma_h^2/J_h & h = k \in [1, N] \\ \sigma_h^2/\beta_{\tilde{h}} & h = k \in (N, 2N] \\ 0 & \text{其他} \end{cases} \tag{4.22}$$

将式（4.22）代入式（4.21）中，可推得用户感知噪声参数（即用户感知质量）的置信区间为

$$[\hat{u}_i - \Delta u_i, \hat{u}_i + \Delta u_i] \tag{4.23}$$

$$[\hat{\sigma}_i - \Delta\sigma_i, \hat{\sigma}_i + \Delta\sigma_i] \tag{4.24}$$

其中，$\Delta u_i = \dfrac{c_\rho \cdot \hat{\sigma}_i}{\sqrt{J_i}}$，$\Delta \sigma_i = \dfrac{c_\rho \cdot \hat{\sigma}_i}{\sqrt{\beta_i}}$。$\hat{u}_i$ 和 $\hat{\sigma}_i$ 是用户感知噪声参数的最大似然估计值。根据式(4.18)，可得 $\beta_i$ 的计算公式为

$$\beta_i = 2J_i + (\hat{\sigma}_i)^{-2} \cdot \sum_{j \in S_i} \{3\hat{\vartheta}_j \cdot (1 - \hat{\vartheta}_j) \cdot (\mathbb{C}_{ij})^2\} \qquad (4.25)$$

(3)算法描述

基于前面两节的推导，给出 FSP 算法的描述。算法主要由两个部分组成：基于最大期望的参数估计和用户感知质量的置信区间计算(表4.1)。

在算法的第1—6行(即基于最大期望的参数估计部分)，基于感知数据集合和污染源参数，迭代地估计用户感知噪声参数和污染源存在性参数直至收敛。当迭代收敛后，在算法的第7—8行，这些估计值的收敛值作为最终的参数估计值，包括感知噪声估计值和污染源存在性参数估计值。在置信区间计算部分(即算法的第9—12行)，这些估计值被用来计算用户感知质量的置信区间。在算法的第13行，返回置信区间的计算结果。

所提算法非常简单，同时时间复杂度很低。对基于最大期望的参数估计部分，其时间复杂度为 $O(N \cdot M \cdot K)$，其中 $N$，$M$ 和 $K$ 分别表示感知用户的人数、污染源的个数以及算法迭代的次数。对置信区间计算部分，其时间复杂度为 $O(N \cdot M)$。所提算法具有线性时间复杂度，即 $O(N \cdot M \cdot K)$。

表4.1 基于置信区间的用户感知质量评估算法

---

输入：

污染源的参数集合：$\Phi = \{(X_j, C_j), j = 1, 2, \cdots, M\}$

用户的感知数据集合：$Z = \{(m_{ij}, X_{ij}), j = 1, 2, \cdots, M, i \in U_j\}$

输出：

用户感知质量的置信区间：$\{[\hat{u}_i \pm \Delta u_i], [\hat{\sigma}_i \pm \Delta \sigma_i], i = 1, \cdots, N\}$

---

续表

//基于最大期望的参数估计

1. 用 $\Psi^{(0)}$ 和 $\vartheta^{(0)}$ 初始化未知参数 $\Psi$ 和 $\vartheta$

2. while$\Psi^{(t-1)}$ 和 $\vartheta^{(t-1)}$ 未收敛 do

3.　　　　根据式(4.4)，基于 $\Psi^{(t-1)}$ 计算 $\vartheta^{(t)}$

4.　　　　根据式(4.5)和式(4.6)，基于 $\vartheta^{(t)}$ 计算 $\Psi^{(t)}$

5.　　　　$t = t + 1$

6. end while

7. 用 $\hat{\Psi}$ 表示 $\Psi^{(t)}$ 的收敛值，即 $\hat{\Psi} = \{(\hat{u}_i, \hat{\sigma}_i), i = 1, \cdots, N\}$

8. 用 $\hat{\vartheta}$ 表示 $\vartheta^{(t)}$ 的收敛值，即 $\hat{\vartheta} = \{\hat{\vartheta}_j, j = 1, \cdots, M\}$

//用户感知质量的置信区间计算

9. for$(i = 1; i \leqslant N; i + +)$ do

10.　　　　根据式(4.25)，基于 $\hat{\vartheta}$ 和 $\hat{\Psi}$ 计算 $\beta_i$

11.　　　　根据式(4.23)和式(4.24)，基于 $\beta_i$ 和 $\hat{\Psi}$ 计算 $\Delta u_i$ 和 $\Delta \sigma_i$

12.　　　　end for

13. return$(\hat{u}_i, \Delta u_i)$ 和 $(\hat{\sigma}_i, \Delta \sigma_i), i = 1, 2, \cdots, N$

# 4.3　实验性能分析

　　本节利用仿真实验对 FSP 算法进行评估。本节首先介绍仿真实验的方法以及参数设置，然后对 FSP 算法的性能进行评估。

## 4.3.1　实验方法和参数设置

在这个仿真实验中,模拟一个较大规模的基于群智感知网络的污染源监控系统。在实验中,若未特别说明,置信度设置为 95%。所有仿真实验都运行 100 次,分析其平均统计结果。同时,根据以下两个指标对 FSP 算法的性能进行评估。

①置信区间长度:将用户感知噪声参数的实际估计误差(即 $|\hat{u} - u|$ 和 $|\hat{\sigma} - \sigma|$)和 FSP 算法计算的置信区间长度($\Delta u_i$ 和 $\Delta \sigma_i$)进行比较。如果估计误差小于区间长度,则意味着用户感知噪声参数真实值在置信区间内,置信区间准确地表示了用户感知质量,反之亦然。

②置信区间的成功概率:是指用户感知噪声参数的真实值(即 $u$ 和 $\sigma$)在置信区间的概率。将成功概率与置信度进行比较,理想情况下,成功概率应该等于或者接近置信度。

## 4.3.2　算法的性能评估

(1)基于置信区间长度的评估

在这个实验中,首先评估单个用户感知质量的置信区间长度。如图 4.2 和图 4.3 所示,在这 100 次仿真实验中,置信区间长度几乎总是大于实际估计误差,FSP 方法计算的置信区间几乎能够表示所有的感知噪声参数。对噪声均值和均方差,置信区间的成功概率分别为 91.6% 和 88.6%,都接近置信度的 95%。

进一步,将所有感知用户的平均成功概率与置信度进行比较。如图 4.4 和图 4.5 所示,无论是感知噪声均值还是噪声均方差,每一次实验的成功概率都接近置信度。具体地,对噪声均值和均方差的置信区间,它们的最低成功概率分别为 83% 和 81%,其平均成功概率分别为 89.5% 和 88.9%。同时,如图 4.4

和图 4.5 所示,成功概率在绝大部分情况下都小于置信度。这表明 FSP 算法计算的置信区间为了限制置信区间长度而比较保守。在实际应用中,可以适当地增加置信度来解决这个问题。例如,要得到置信度为 90% 的置信区间,可以设置其置信度为 95%。

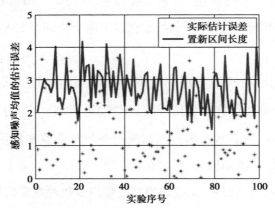

图 4.2　单个用户感知质量(噪声均值)的实际估计误差与置信区间长度比较

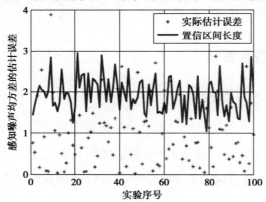

图 4.3　单个用户感知质量(噪声均方差)的实际估计误差与置信区间长度比较

综合以上分析,FSP 算法计算得到的置信区间准确且有效,如得到的 95% 置信度的置信区间能够以 89% 的概率成功地表示用户的感知质量。

(2)基于成功概率的评估

本小节评估置信度和感知用户人数对置信区间成功概率的影响。首先,评估置信度对置信区间成功概率的影响。置信度从 55% 变化到 95%, 然后分析置信度对成功概率与它所对应置信度之间差距的影响。如图 4.6 和图 4.7 所示, 无论是感知噪声均值还是噪声均方差, 成功概率与置信度的差值都随着置信度的增大而减小。这个实验结果表明, 置信区间的精度随着置信度的增大而提高。当置信度为 95% 时, 成功概率与置信度的差值低至 5%。

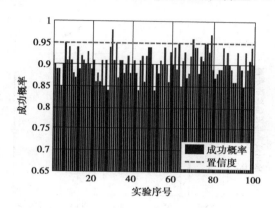

图 4.4　所有用户感知质量(噪声均值)的置信区间成功概率与置信度的比较

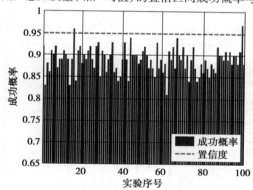

图 4.5　所有用户感知质量(噪声均方差)的置信区间成功概率与置信度的比较

评估不同规模的群智感知网络对置信区间成功概率的影响, 即感知用户人数对成功概率的影响。设置用户人数从 100 变化到 2 000。如图 4.8 和图 4.9 所示, 置信区间成功概率随着感知用户人数的减少而降低很缓慢, 即使在仅有 100 个用户的小规模群智感知网络中, 对感知噪声均值和均方差, 所提方法都能达到大约90%的成功概率。增加用户人数不能大幅度提高置信区间精度的原因如下:当用户人数较少时,置信区间就能达到很高的精度(大约90%),增加用户人数对精度的提升效果不显著。此外,每个用户的感知噪声参数不同,增加一个用户就增加了一对未知的感知噪声参数,从而导致置信区间的精度提高不明显。

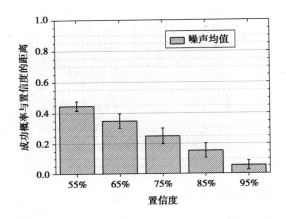

图4.6 置信度对感知质量(噪声均值)的置信区间成功概率的影响

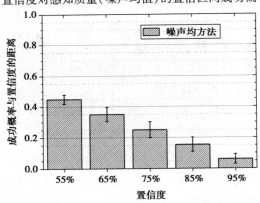

图4.7 置信度对感知质量(噪声均方差)的置信区间成功概率的影响

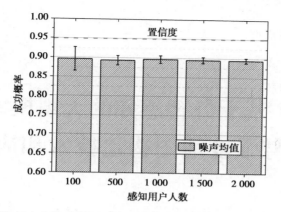

图 4.8　感知用户人数对感知质量（噪声均值）的置信区间成功概率的影响

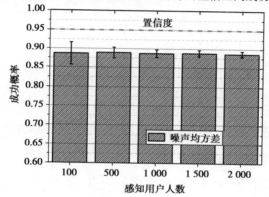

图 4.9　感知用户人数对感知质量（噪声均方差）的置信区间成功概率的影响

# 4.4　本章小结

在群智感知网络中，评估每个用户的感知质量是一项既重要又基础的工作。为了解决污染源存在性和用户感知质量的不确定性，本章提出了一种基于置信区间的评估方法，基于用户的感知数据准确地刻画出用户感知质量的置信区间。首先，利用基于最大期望的迭代估计算法计算用户的感知噪声参数和污染源存在性的最大似然估计值；其次，基于这些估计值，利用最大似然估计的渐近正态性和 Fisher 信息，计算用户感知质量的置信区间。仿真结果验证了所提方法得到的置信区间的精度。

# 第5章 基于群智感知的大规模室外无线信号强度地图构建技术和应用

## 5.1 引 言

在前面基于高斯感知噪声模型理论研究的基础上,本章将探索和研究实际群智感知网络系统中数据感知质量管理问题,利用群智感知网络构建实际的城市室外大规模无线信号强度地图。

当前,随着城市的不断发展,城市中的街道、商场、火车站以及机场等部署了大量的 Wi-Fi 接入点(Access Point, AP),如 2012 年杭州在全国率先部署了 2 000 个 Wi-Fi 接入点,覆盖主城区 220 km$^2$[99]。为了便于用户有效而灵活地接入,Wi-Fi 接入用户最关心的是通信质量(Communication Quality)和冲突样式(Conflict Patten)。而 AP 的无线信号强度地图能够为移动用户提供最基本的信息,以帮助构建便于动态频谱分配的冲突图(Conflict Graph)[100]以及提高通信质量[101]。然而,实际物理环境复杂且规模大,构建精确的实际信号强度地图非常困难。当前的方法要么基于经验参数构建非常不准确的虚拟地图[102-104],要么基于专有人员和专有测量设备的实地采样,在大规模环境中构建地图的耗费非常大,且更新困难[100]。

现有的智能手机能够感知和测量 AP 的无线信号强度以及当前位置,群智感知网络可利用广大用户现有的感知设备和通信网络实现一个低成本且实时的城市大规模无线信号强度地图构建系统。

本章首先搭建了一个基于群智感知网络的实际无线信号强度地图构建系统;然后通过这个系统的实验来探索实际群智感知网络中数据感知质量管理问题。实验观察发现:

①用户手机的感知数据非常不准确,且感知误差不服从高斯模型。同时,不同型号手机的感知误差不同。进一步,即使是同一型号的手机,在不同的使用方式下,其感知误差不相同,如手机拿在手里和放在口袋里的感知误差是不同的。

②群智感知数据不完全。这主要是因为感知用户未经训练和不受控制,部分地域没有用户到达,或者用户不可靠未进行感知。

基于上面的实验观察结果,利用室外无线信号传播模型和手机感知误差校正模型在空间中的内在关系,提出了一种基于群智感知数据的无线信号强度地图构建方法,通过迭代,同时解决了在非高斯感知误差模型下感知数据不准确和不完全问题。通过实际系统的实验,验证了所提方法迭代的收敛性和构建地图的精度。综上,本章主要有以下 3 个创新点:

①基于实际实验的观察和分析,发现了手机感知误差校准模型,以及模型参数与手机型号和手机使用方式之间的紧密联系。

②基于无线信号传播模型和手机感知误差校正模型在空间中的关系,提出了基于群智感知数据的无线信号强度地图构建方法,通过迭代,同时解决了在感知数据的真实值大部分未知以及感知误差预先未知的情况下,感知数据不准确和不完全问题。

③搭建了实际群智感知网络系统,并利用实际系统验证了本章方法的性能。实验结果表明,所提方法能够获得平均误差为 8.5 dBm 的精确信号强度地图,同时,其精度比传统基本方法提高了 57%。

## 5.2 实验探索和观察

### 5.2.1 相关工作

一种简单直接的方法[102-104]是利用带有经验参数值的信号传播模型来构建大规模室外环境的无线信号强度虚拟地图。但是,文献[105—106]的实验结果表明,这种方法得到的虚拟地图在实际中的误差非常大。另外一种直接的方法是遍历所有区域进行信号强度采样。但在大规模的室外环境中耗费很大,这种方法几乎不可行。为了解决这个问题,文献[100]提出利用基于测量值校正的传播模型来构建无线信号强度地图。它仅仅利用部分测量值来校正无线信号传播模型,然后利用这个模型来预测整个区域的信号强度。这种方法能够得到较准确的信号强度地图。但是,它需要专有人员配备专有测量设备(如高接收灵敏度的 Wi-Fi 网卡[107])来精确地测量无线信号强度值。这种方法在大规模的环境中耗费很大,且很难更新。与之相反,本章利用群智感知网络中普通用户现有的感知设备和已部署的通信设施,以极低的耗费就能构建大规模、准确而又实时的无线信号强度地图。

当前有一些方法利用群智感知网络来构建其他地图。例如,文献[23]利用智能手机的麦克风和 GPS 传感器来构建城市的噪声分布地图。它主要利用压缩感知理论来解决群智感知网络中数据不完全的问题,同时,利用手动校正方法来校正各个手机的感知误差。但是,对于群智感知网络中大量的非合作、不受控制的用户,对每个用户的手机进行手动校正是很难实现的。与之相反,本章方法无须用户的合作,通过迭代,同时解决感知数据不准确和不完全的问题。此外,文献[93]利用广大用户手机中加速度计、陀螺仪以及指南针等传感器的感知数据来构建室内走廊平面图,文献[108—111]利用群智感知网络来构建室内无线信号强度地图。这些方法都是利用大量用户的遍历采样来构建室内环境中的地图。在大规模的室外环境中,使感知用户对整个区域遍历采样几乎是不可能的。这些方法不能解决本章的问题。与本章工作类似,法国在 2010 年开始了一个 Sensorly 项目[112]。这个项目基于全世界 50 个国家 500 000 个志愿者的手机感知数据,构建了无线网络的覆盖地图(Coverage Map),并在互联网上提供了一个免费的无线信号覆盖范围查询服务。这个系统主要关注构建粗粒度的无线信号覆盖地图,没有解决手机信号强度感知数据的不准确问题。与之相反,本章深入探究手机的感知误差模型,利用它与无线信号传播模型之间的空间关系,构建了细粒度的、准确的无线信号强度地图。

## 5.2.2　实验探索和观察

信号强度的感知误差是无线信号强度地图构建精度低的主要原因[100]。本节用实际实验来探索手机的无线信号强度的感知误差。首先介绍实验的设计,然后给出实验观察结果。

部署 4 个 Wi-Fi AP 在某实验大楼天台上的 4 个不同位置,如图 5.1 和图 5.2 所示。在这个室外的环境中,AP 可以根据实验的需求任意地部署。并且,部署的 AP 信号覆盖范围有限(如不超过 100 m),这个实验环境(167 m × 111 m)满足本章实验设计的要求,即在可控制的、干扰小的室外环境内探索手机的感知误差。

基于手机的 Andriod 系统开发了一个 AP 的无线信号强度感知软件。这个软件通过手机上的 Wi-Fi 信号传感器和 GPS 传感器来采集 Wi-Fi AP 的 ID 号、信号强度值、当前的感知位置以及时间等信息。同时,这个软件自动将这些感知数据,通过手机连接的网络(如蜂窝网、Wi-Fi 网络)传送到中心服务器。

图 5.1 实验场地的实际图(实验大楼的天台)

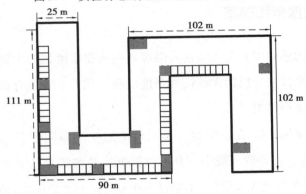

图 5.2 实验场地的平面图(长 167 m,宽 111 m)

在这个实验中,用 3 种不同类型的智能手机在不同的位置,利用无线信号强度感知软件来感知 AP 的无线信号强度信息。这 3 种手机分别是 Samsung 手机(型号 N7108)、Huawei 手机(型号 U9508)和 Sharp 手机(型号 SH3307)。同时,采用 3 种常见的手机使用方式,即拿在手里、放在衣服口袋里以及放在背包中。另外,用外接高级 Wi-Fi 网卡[107]的笔记本电脑所测量的信号强度值作为信号强度真值(Ground truth)。这个 Wi-Fi 网卡是 Wifly-City System 公司生产的、集成 7 dBi 的外置全向天线和双倍放大增益的 IDU-2850UG-U20 大功率无线 USB 适配器(Wireless USB Adapter)。它比传统网卡的接收灵敏度高很多(它的

灵敏度为 – 92 dBm），常常被用来作为信号强度真值的测量[100]。

（1）评估 3 种智能手机的信号强度感知精度

如图 5.3 所示，对 Samsung、Huawei 和 Sharp 手机，96% 的感知误差都大于 10 dBm，大于 20 dBm 的感知误差超过 40%，同时，最大感知误差高达 40 dBm。

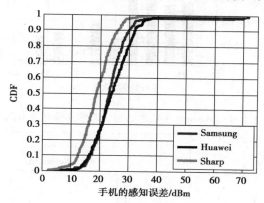

图 5.3　手机信号强度感知误差的累积分布图（CDF）

（2）探索手机信号强度感知误差的模型

首先尝试了高斯分布模型，如图 5.4、图 5.5 和图 5.6 所示，Samsung、Huawei 和 Sharp 三种手机感知误差的频率分布直方图都与高斯分布模型差别很大。同时，用 Jarque-Bera test 方法[113]检验手机的感知误差服从高斯模型这个假设，检验结果拒绝了原假设。手机信号强度感知误差不服从高斯模型。其次用线性回归法拟合手机的信号强度感知值与信号强度真值之间的关系。如图 5.7、图 5.8 和图 5.9 所示，3 种不同类型的手机在 3 种不同的使用方式下信号强度感知值都与信号强度真值之间呈线性关系。表 5.1 给出了最小二乘法拟合的线性模型，其中 $y$ 和 $x$ 分别表示手机信号强度感知值和它对应的信号强度真值。上述实验观察结果表明，手机信号强度感知值与信号强度真值呈线性关系，手机的感知误差与信号强度真值之间也呈线性关系。

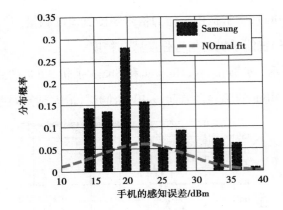

图 5.4　Samsung 手机的感知误差频率分布直方图

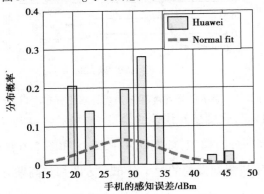

图 5.5　Huawei 手机的感知误差频率分布直方图

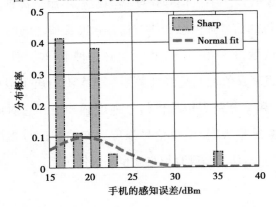

图 5.6　Sharp 手机的感知误差频率分布直方图

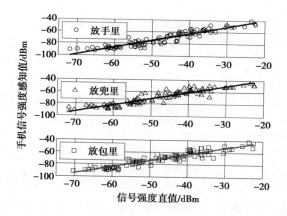

图 5.7　Samsung 手机信号强度感知值与信号强度真值之间的关系

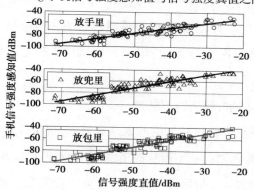

图 5.8　Huawei 手机信号强度感知值与信号强度真值之间的关系

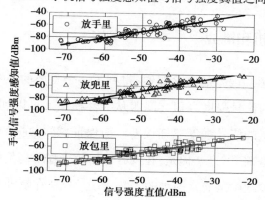

图 5.9　Sharp 手机信号强度感知值与信号强度真值之间的关系

表 5.1　手机信号强度感知误差模型

| 误差模型 | 拿手里 | 放口袋里 | 放包里 |
|---|---|---|---|
| Samsung 手机 | $y = 1.2x - 17$ | $y = 1.1x - 19$ | $y = 1.0x - 22$ |
| Huawei 手机 | $y = 0.9x - 32$ | $y = 1.2x - 14$ | $y = 1.2x - 16$ |
| Sharp 手机 | $y = 1.1x - 17$ | $y = 1.1x - 12$ | $y = 1.0x - 21$ |

（3）评估不同手机型号和不同使用方式对感知误差模型的影响

表 5.1 中每一列,在相同的使用方式下,不同类型手机的感知误差模型参数是不同的。同时,表 5.1 中每一行,对同一个手机,在不同使用方式下的感知误差模型参数也不同。具体地说,误差模型的斜率和增益都不同。当用户距离 AP 较远时,增益不同占主导地位;当用户距离 AP 较近时,斜率不同占主导地位。

综合实验观察结果,得到以下结论:

**结论 1**:手机的信号强度感知值的误差非常大,很难被直接用来构建信号强度地图。同时,这些感知误差不服从高斯噪声模型,但可以用线性模型来刻画,即手机信号强度感知值与信号强度真值之间呈线性关系。进一步,感知误差模型的参数与手机的型号和使用方式都紧密相关。

## 5.2.3　研究动机和挑战

根据对手机感知误差的实验探索,得到了一个重要的观察结果,即手机信号强度的感知值与信号强度真值之间服从线性模型。可以利用这个简单有效的模型来校正手机的信号强度感知误差。而保证感知数据的精度是实现群智感知网络的重要基础[93, 114]。但是,在没有任何信号强度真值的情况下,构建精确的无线信号强度地图是非常困难的[29]。幸运的是,在室外环境中,无线信号传播模型可以提供不同位置之间信号强度的关系,进而可以用来帮助解决手机感知数据的不准确和不完全问题。总之,以下两个模型利用不准确和不完全的群智感知数据构建精确的无线信号强度地图提供了很好的机会：

①手机的感知误差模型：根据实验观察，手机的信号强度感知值与信号强度真值之间的关系可以用线性模型来刻画。可以利用这个模型来校正手机的感知误差，以解决感知数据的不准确问题[28-29, 60]。

②无线信号传播模型：它刻画了室外环境中 AP 的无线信号强度分布[115]。可以利用这个模型来预测信号强度值，以解决感知数据的不完全问题[23]，同时避免对整个区域进行遍历采样。

但是，获得准确的手机感知误差模型和无线信号传播模型并不容易，需要解决以下两个主要问题：

①在未知模型参数情况下的感知数据校正：虽然手机的感知误差模型可以用来校正感知数据，但是大部分感知用户不配合校正，导致模型参数未知。困难的是，这些参数随着手机的型号和使用方式的变化而变化。

②基于不准确感知数据的信号传播模型构建：虽然信号传播模型可以用来预测信号强度值。但是，传播模型参数随着实际物理环境的不同而不同[100, 115]。糟糕的是，这些参数的估计只能依靠不准确的群智感知数据。它与手机信号强度感知值的校正紧密相关。

# 5.3　基于群智感知的无线信号强度地图构建技术和系统实现

为了解决前述的问题，提出了一种基于群智感知数据的无线信号强度地图构建方法，称为 CARM（Crowd-sensing Accurate Outdoor RSS Map）。这个方法主要基于下述 3 个基本思想：首先，联合手机信号强度感知值和基于信号传播模型的信号强度预测值来估计手机的感知误差校正模型参数，并用这个模型参数校正手机的感知值；其次，利用已校正的信号强度感知值估计信号传播模型的参数；最后，利用一种变尺度算法，迭代地校正手机感知值和估计传播模型参数,通过多次迭代,手机感知值的校正精度和传播模型的参数估计精度都不断提高直至收敛。

如图5.10所示,CARM方法主要由两个部分组成:

①模型参数的迭代估计:利用手机感知误差校正模型和信号传播模型在空间的内在关系,迭代地估计手机的感知误差校正模型和信号传播模型的参数直至收敛。

②基于模型的地图构建:当迭代收敛后,基于模型参数估计值的收敛值,利用手机的感知误差校正模型和信号传播模型来构建精确完整的无线信号强度地图。

以下将详细介绍基于群智感知数据的无线信号强度地图构建方法(CARM)。首先,构建手机的感知误差校正模型和无线信号传播模型,并通过实验评估这两个模型的性能。然后,基于这两个模型,介绍 CARM 方法的两个模块,即模型参数的迭代估计和基于模型的地图构建。

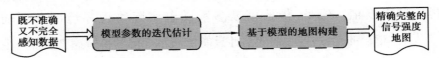

图5.10  基于群智感知数据的无线信号强度地图构建方法(CARM)的框架

## 5.3.1  模型的构建和评估

(1)感知误差校正模型

根据实验观察,手机的信号强度感知值与信号强度真值之间存在线性关系。利用这个线性模型来校正手机的信号强度感知值。用 $S_{ij}^k$ 和 $X_{ij}^k$ 分别表示第 $i$ 个用户关于第 $j$ 个 AP 的第 $k$ 个信号强度感知值和对应的感知位置。可得用户感知值 $S_{ij}^k$ 的校正值 $C_{ij}^k$ 为

$$C_{ij}^k = \pi_i \cdot S_{ij}^k + \eta_i \tag{5.1}$$

其中,$\pi_i$ 和 $\eta_i$ 分别表示感知误差校正模型的两个未知参数。它们由手机的型

号和使用方式决定。

　　用前文设计的实验来评估这个感知误差校正模型的精度。在这个评估实验中,用信号强度真值来训练和学习每个手机在每种使用方式下的感知误差校正模型参数,然后用这个模型参数来校正手机的感知值。如图 5.11、图 5.12 和图 5.13 所示,这个感知误差校正模型可以大幅地降低手机感知值的误差,并能够获得很高的校正精度(小于 10 dBm)。具体地,校正前,3 种手机在 3 种不同使用方式下,超过 92% 的感知误差都大于 10 dBm,而基于这个模型校正后,超过 95% 的感知误差都小于 10 dBm。此外,校正后,仍有极少部分感知值(不超过 2%)含有较大的误差(如 80 dBm)。出现这种现象的原因是无线信号传播

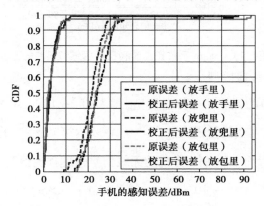

图 5.11　Samsung 手机校正前和校正后感知误差的比较

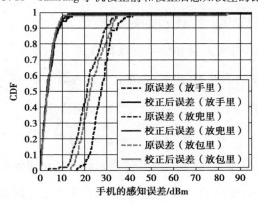

图 5.12　Huawei 手机校正前和校正后感知误差的比较

异常复杂,存在极少部分的异常值很难被校正。综上,利用这个线性感知误差校正模型对手机的感知误差进行校正,能够获得很高的校正精度(小于 10 dBm)。

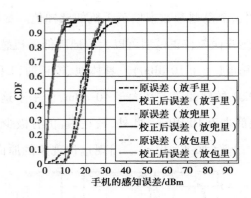

图 5.13　Sharp 手机校正前和校正后感知误差的比较

(2)无线信号传播模型

本章利用经典的无线信号传播模型(即 Uniform Pathloss Model[115])来刻画室外环境中 AP 的无线信号强度分布。令 $X_j$ 表示第 $j$ 个 AP 的位置。根据无线信号传播模型,第 $j$ 个 AP 在位置 $X_{ij}^k$ 的无线信号强度预测值为

$$P_{ij}^k = P_j^0 - 10 \cdot \gamma_j \cdot \log(d_{ij}^k/d_0) \quad [\text{dBm}]$$

$$= (P_j^0 + 10 \cdot \gamma_j \cdot \log d_0) - 10 \cdot \gamma_j \cdot \log d_{ij}^k \tag{5.2}$$

其中,$d_{ij}^k$ 表示位置 $X_{ij}^k$ 到第 $j$ 个 AP 位置的距离;$P_j^0$ 表示第 $j$ 个 AP 的信号发送能量;$d_0$ 和 $\gamma_j$ 分别表示参考距离和信号衰减指数。

$P_j^0$ 和 $\gamma_j$ 是关于第 $j$ 个 AP 设置的两个未知参数。$d_0$ 是一个已知常数。令 $\alpha_j = 10 \cdot \gamma_j$ 和 $\beta_j = P_j^0 + 10 \cdot \gamma_j \cdot \log d_0$,式(5.2)可表示为

$$P_{ij}^k = \beta_j - \alpha_j \cdot \log d_{ij}^k \tag{5.3}$$

其中,$\alpha_j$ 和 $\beta_j$ 是由 AP 的设置参数以及部署的物理环境决定的两个未知参数。

用前述设计的实验以及一个公开的 AP 无线信号强度数据集(即 MetroFi trace[116])来评估这个信号传播模型的精度。在实验中,用高级 WiFi 网卡测得

的信号强度真值来验证这个信号传播模型的性能。MetroFi trace 是由美国 Colorado 大学在美国俄勒冈州波特兰市中一个 7 km² 区域采集的 AP 无线信号强度数据集[116]。如图 5.14 和图 5.15 所示，无论在实验中还是 MetroFi 数据集，AP 的无线信号强度的空间分布都能用这个信号传播模型来准确地刻画。并且，实验中的传播模型是 $9.526 - 12 \cdot \log d$，而在 MetroFi trace 中模型却为 $-16.98 - 11.1 \cdot \log d$。传播模型参数随着 AP 的参数设置以及部署的物理环境的不同而不同。上述实验结果与文献[100，117]中的实验结果一致。

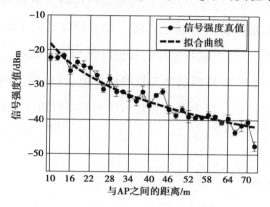

图 5.14　我们实验中 AP 的无线信号强度分布图

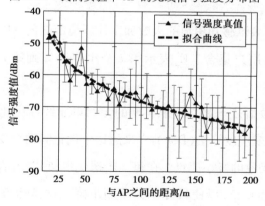

图 5.15　MetroFi trace 中 AP 的无线信号强度分布图

## 5.3.2 模型参数的迭代估计

在本小节,根据手机的感知误差校正模型和信号传播模型在空间中的相关性,利用一种迭代算法来估计这两个模型参数。首先,形式化描述模型参数估计问题并求解;然后,理论证明迭代估计算法的最优性。

(1)问题的形式化和求解

在理想情况下,基于感知误差校正模型的校正感知值和基于信号传播模型的信号强度预测值都接近信号强度真值。当感知误差校正模型和信号传播模型的参数都很准确时,校正感知值和信号强度预测值之间的差距非常小。计算感知误差校正模型和信号传播模型参数的估计值,以使校正感知值与信号强度预测值之间的差距最小。这个模型参数估计问题可以形式化地描述为

$$< \hat{\pi}_i, \hat{\eta}_i, \hat{\alpha}_j, \hat{\beta}_j > = \arg \min F(\pi_i, \eta_i, \alpha_j, \beta_j, i \in [1, N], j \in [1, M]) \quad (5.4)$$

$$\text{where } F = \sum_{j=1}^{M} \sum_{i \in U_j} \sum_{k \in K_{ij}} (C_{ij}^k - P_{ij}^k)^2$$

$$= \sum_{j=1}^{M} \sum_{i \in U_j} \sum_{k \in K_{ij}} (\pi_i \cdot S_{ij}^k + \eta_i + \alpha_j \cdot \log d_{ij}^k - \beta_j)^2 \quad (5.5)$$

其中,$N$ 和 $M$ 分别表示感知用户的人数和室外环境部署的 AP 个数。$U_j$ 表示感知到第 $j$ 个 AP 的用户集合。$K_{ij}$ 表示第 $i$ 个用户感知到第 $j$ 个 AP 的感知值集合。

这个模型参数估计问题是一个典型的无约束非线性优化问题。利用运筹学中经典、高效的变尺度算法(DSP)[78]来解这个优化问题。变尺度法通过迭代逐步收敛到目标函数的极小值点。在每一步迭代中,它以当前的信息来确定下一步搜索的方向和步长,以使目标函数不断下降。这是运筹学中一个经典方法,本节不详述变尺度法的原理和算法描述。

(2)算法最优性证明

本小节证明模型参数迭代估计算法能够收敛到最优解。

**定理 1**：模型参数估计问题的目标函数是凸函数。

证明：设 $X = (\pi_i, \eta_i, \alpha_j, \beta_j)^T$，并任意选取两点 $X^1 = (\pi_i^1, \eta_i^1, \alpha_j^1, \beta_j^1)^T$，$X^2 = (\pi_i^2, \eta_i^2, \alpha_j^2, \beta_j^2)^T$。令 $f_{ij}^k(X) = (\pi_i \cdot S_{ij}^k + \eta_i + \alpha_j \cdot \log d_{ij}^k - \beta_j)^2$，$g(X) = \pi_i \cdot S_{ij}^k + \eta_i + \alpha_j \cdot \log d_{ij}^k - \beta_j$，可得

$$f_{ij}^k(X^2) - f_{ij}^k(X^1) = [g(X^2) + g(X^1)) \cdot (g(X^2) - g(X^1)] \qquad (5.6)$$

$$\nabla f_{ij}^k(X^1) = 2g(X^1) \cdot (S_{ij}^k, 1, \log d_{ij}^k, -1) \qquad (5.7)$$

根据式(5.7)，可得

$$\nabla f_{ij}^k(X^1) \cdot (X^2 - X^1) = 2g(X^1) \cdot [g(X^2) - g(X^1)] \qquad (5.8)$$

根据式(5.6)和式(5.8)，可得

$$f_{ij}^k(X^2) - f_{ij}^k(X^1) - \nabla f_{ij}^k(X^1) \cdot (X^2 - X^1) = [g(X^2) - g(X^1)]^2 \quad (5.9)$$

由于 $(g(X^2) - g(X^1))^2 \geq 0$，因此，根据式(5.9)，可得

$$f_{ij}^k(X^2) - f_{ij}^k(X^1) \geq \nabla f_{ij}^k(X^1) \cdot (X^2 - X^1) \qquad (5.10)$$

根据凸函数的一阶条件[78]可知，$f_{ij}^k(X)$ 是一个凸函数。由于 $F = \sum_{j=1}^{M} \sum_{i \in U_j} \sum_{k \in K_{ij}} f_{ij}^k(X)$，因此，根据凸函数的可加性[78]，可得模型参数估计问题的目标函数 F 也是凸函数。

根据变尺度法的收敛性[118]，所提模型参数迭代估计算法可以收敛到极小值点。同时，根据定理 1 可知，这个模型参数估计问题的目标函数是一个凸函数。根据凸函数的性质[78]（即凸函数的极小值点即为最小值点），可得到以下结论：

**结论 2**：所提迭代估计算法能够收敛到最优解，即基于感知误差校正模型的校正感知值与基于信号传播模型的信号强度预测值之间差值的总和最小。

### 5.3.3　基于模型的地图构建

基于感知误差校正模型和信号传播模型参数的估计值，构建无线信号强度地图。根据式(5.1)中的感知误差校正模型，已知模型参数，计算每个手机信号

强度感知值的校正值。由于只有少部分位置被感知,而大部分位置都没有感知值,因此,根据每个 AP 的信号传播模型参数,利用传播模型来预测各个未感知位置的信号强度值。综合已校正的信号强度感知值和信号强度预测值,构建一个精确完整的无线信号强度地图。

此外,利用少量的种子用户(Seed User)。种子用户是指其手机感知误差校正模型参数事先已知。在系统中加入一些真值参考值或者已校正的手机是合理的。首先,系统中存在少部分高级或者合作用户的手机在使用前已校正。其次,虽然用专有设备进行大规模测量的耗费很大,但是仅仅只采样几个位置还是可以接受的。利用少量已校正手机或者真值参考值,所提算法能够有效地校正其他大量的手机感知值。进一步,即使当更多的新手机加入系统中参与感知,所提算法仍然可以利用少量已校正的感知值来校正它们。值得注意的是,在本章方法中,仅仅少量的种子用户就可以满足要求。

## 5.4 实验性能分析

本节利用实际的群智感知网络实验评估 CARM 方法的性能。首先介绍实验的方法和参数设置,然后对 CARM 方法的性能进行评估。

### 5.4.1 实验方法和参数设置

招募 9 个志愿者携带手机在不同的位置感知 AP 的无线信号强度值,这 9 个感知用户使用 3 种不同类型的手机在 3 种不同方式下进行感知。需要说明的是,在实际应用中,智能手机的使用方式可以通过手机中内置传感器识别出来[119]。由于每个用户都要使用 3 种方式进行感知,且每种使用方式下的感知误差校正模型参数都不同,因此,本章的实验就相当于有 27 个"感知用户"。任意选取其中一个"感知用户"作为种子用户,即他的手机感知误差校正模型参数事先已知。

为了评估 CARM 方法的性能,设置了两种比较方法:第一种方法不对手机的感知误差进行校正,而直接利用这些原始感知值来估计信号传播模型参数。然后,利用这个传播模型来预测信号强度地图。这种方法称为基本构建方法(Baseline method)。第二种方法需要手机每个感知值的信号强度真值(Ground truth)。首先利用信号强度真值估计各个 AP 的信号传播模型参数;其次利用这个传播模型来预测未感知位置的信号强度值;最后基于信号强度真值和信号强度预测值来构建信号强度地图。同时,这种方法也可以利用信号强度真值来校正各个手机的感知值。这种方法称为基于真值的构建方法(Ground truth based method, GT)。基于真值的构建方法与文献[100]中基于测量值校正传播模型的地图构建方法基本类似。

## 5.4.2　方法性能评估

首先从校正和预测精度以及算法收敛性两个方面对 CARM 方法的性能进行评估;其次评估种子用户对算法性能的影响;最后验证构建的信号强度地图的精度。

(1)校正和预测精度

通过与基本构建方法(Baseline method)和基于真值的构建方法(GT method)的比较,对 CARM 方法的校正和预测精度进行评估。如图 5.16 和图 5.17 所示,CARM 方法的校正精度和预测精度都远高于基本构建方法。在 CARM 方法中,95% 的校正误差都小于 10 dBm,而在基本构建方法中,90% 的校正误差都在 10 dBm 和 30 dBm 之间。CARM 方法中 94% 的预测误差小于 10 dBm,而在基本构建方法中 98% 的预测误差都在 10 dBm 和 30 dBm 之间。较之基本构建方法,所提方法在校正误差和预测误差两个方面都能降低 20 dBm。进一步,如图 5.16 和图 5.17 所示,无论在感知值校正还是信号强度预测,CARM 方法几乎都达到了与基于真值构建方法相同的精度。例如,在基于真值构建方法中,95%的校正误差低于 10 dBm,98%的预测误差小于 10 dBm。在大规模环境中采集大量的信号强度真值耗费很大,基于真值的构建方法几乎不可行。

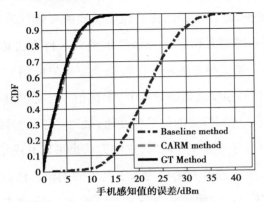

图 5.16　CARM 方法与当前方法的校正精度比较

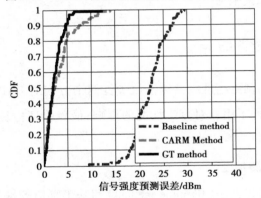

图 5.17　CARM 方法与当前方法的预测精度比较

CARM 方法能够达到如此高的校正和预测精度的原因是,它利用无线信号传播模型和手机感知误差校正模型在空间中的内在关系,迭代地校正手机的感知值和预测信号强度值,同时,利用少量可获得感知误差校正模型参数的种子用户来校正其他手机和估计信号传播模型。CARM 方法利用群智感知网络中用户的随机游走性和机会遇见性[①],达到良好的性能。

---

① 机会遇见是指感知用户在某个时刻都处于同一个 AP 的无线信号覆盖范围内。由于 AP 的信号覆盖范围比较大(如 100 m),因此,用户机会遇见的概率比较大。

（2）算法的收敛性

这个实验验证 CARM 方法的收敛性。如图 5.18 所示，目标函数值随着迭代次数增加而急剧地减小。进一步，CARM 方法在迭代 4 次之后即达到收敛。同时，前文已证明了本章模型参数估计问题的目标函数是凸函数。本章算法可以收敛到最优解，即目标函数值最小。

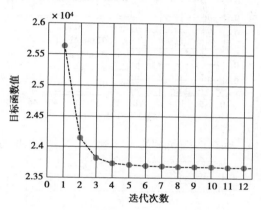

图 5.18　CARM 方法的收敛性验证

（3）种子用户的影响

在这个实验中，分析种子用户对 CARM 方法性能的影响。

首先，评估种子用户感知到的 AP 个数对 CARM 方法性能的影响。设置感知到的 AP 个数从 1 变化到 4。

如图 5.19 和图 5.20 所示，CARM 方法的校正精度和预测精度都随着种子用户感知的 AP 个数的增加而提高。但是，即使当种子用户只感知到了一个 AP，CARM 方法的性能都远高于基本构建方法。例如，在 CARM 方法中，50% 的校正误差和预测误差都小于 15 dBm，而在基本构建方法中 50% 的误差才小于 23 dBm。进一步，CARM 方法在种子用户感知到的 AP 个数为 3 时的精度接近 AP 个数为 4 的精度。需要说明的是，AP 的总个数为 4。即使种子用户未感知到所有的 AP，所提方法仍能达到很高的精度。这个结果的原因是，种子用户可以校正机会遇见到的用户手机，而已校正的手机通过用户的随机游走性和机会遇见性可以校正其他手机。即使很多用户都未直接遇见种子用户,但也能被间接校正。

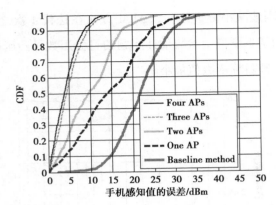

图 5.19　种子用户感知到的 AP 个数对方法校正精度的影响

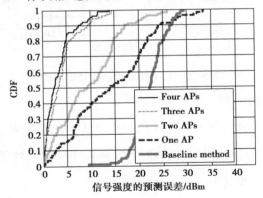

图 5.20　种子用户感知到的 AP 个数对方法预测精度的影响

其次,研究种子用户的感知值个数对 CARM 方法性能的影响。设置种子用户感知到的 AP 个数为 3。对每一个 AP,设置种子用户的感知值个数从 5 变化到 25。

如图 5.21 和图 5.22 所示,CARM 方法的校正误差和预测误差都随着采样个数的增加而降低。但是,即使当感知值个数为 5 时,所提方法的精度都比基本构建方法高。在 CARM 方法中 90% 的校正误差和预测误差都小于 13 dBm,而在基本构建方法中 90% 的误差都大于 15 dBm。当感知值个数为 25 时,

CARM 方法的精度接近基于真值的构建方法。

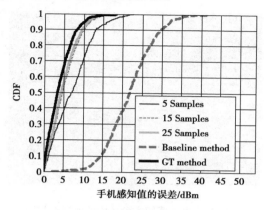

图 5.21　种子用户的感知值个数对方法校正精度的影响

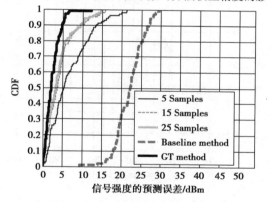

图 5.22　种子用户的感知值个数对方法预测精度的影响

（4）信号强度地图构建精度评估

在本小节,通过一个小规模的实际群智感知网络实验来评估 CARM 方法构建信号强度地图的精度。如图 5.23 所示,在室外环境部署 5 个 AP,同时,招募 20 个志愿者参与这个群智感知实验。这些志愿者沿着如图 5.24 所示的轨迹随机地游走,同时,使用 5 种不同类型的手机( 即 Samsung、Huawei、Sharp、Lenovo 和 HTC)在 3 种不同的方式下感知 AP 的无线信号强度值。利用高级的 Wi-Fi 网卡遍历图 5.24 中的轨迹,采集 AP 的信号强度真值,并以这些真值构建的信号强度地图作为评价基准( Benchmark)。

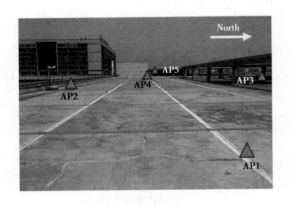

图 5.23　群智感知实验环境的实际布局图

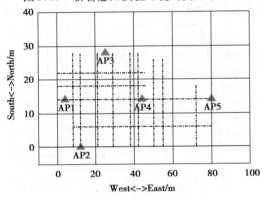

图 5.24　感知用户随机游走的轨迹图

5 个 AP 的无线信号强度地图很类似,本节以第 4 个 AP 的信号强度地图为例,比较 CARM 方法与当前其他两种方法构建的地图精度。如图 5.25、图 5.26 和图 5.27 所示,较之基本构建方法,所提方法构建的信号强度地图与基于真值构建方法更接近。需要说明的是,在图 5.25、图 5.26 和图 5.27 中,黑色三角形表示 AP 的位置。进一步,以基于真值构建方法得到的地图为基准,CARM 方法构建的信号强度地图的平均误差为 8.5 dBm,而基本构建方法的平均误差为 19.8 dBm。所提方法比基本构建方法的地图构建精度提高了 57.2%。

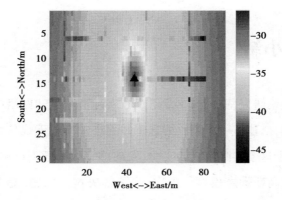

图 5.25　CARM 方法构建的信号强度地图

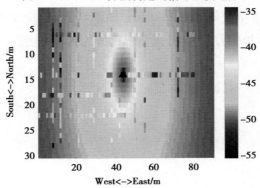

图 5.26　基于真值构建方法得到的信号强度地图

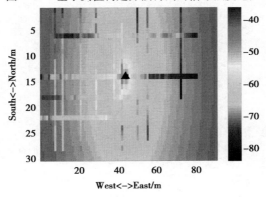

图 5.27　基本构建方法得到的信号强度地图

## 5.5　本章小结

在前面的理论研究基础上,本章研究了实际群智感知网络中数据感知质量管理问题。首先,搭建了一个基于群智感知网络的实际无线信号强度地图构建系统。其次,基于这个实际系统的实验,发现感知数据既不准确又不完全,并且感知误差不服从高斯噪声模型。再次,为了解决这个问题,提出了一种基于群智感知数据的信号强度地图构建方法。最后,利用小规模的实际群智感知网络系统实验,验证了本章方法的性能。实验结果表明,所提方法构建的地图精度远远超过当前基本构建方法,并接近基于真值的构建方法。

# 第一部分参考文献

[1] Atzori L, Iera A, Morabito G. The internet of things: A survey[J]. Computer networks, 2010, 54(15): 2787-2805.

[2] 刘云浩. 物联网导论[M]. 北京: 科学出版社, 2017.

[3] Mao X, Miao X, He Y, et al. CitySee: Urban $CO_2$ monitoring with sensors [C]//2012 Proceedings IEEE INFOCOM. IEEE, 2012: 1611-1619.

[4] 刘云浩. 群智感知计算[J]. 中国计算机学会通讯, 2012, 8(10): 38-41.

[5] Burke J A, Estrin D, Hansen M, et al. Participatory sensing[J]. 2006.

[6] Lane N D, Miluzzo E, Lu H, et al. A survey of mobile phone sensing[J]. IEEE Communications magazine, 2010, 48(9): 140-150.

[7] Ganti R K, Ye F, Lei H. Mobile crowdsensing: current state and future challenges[J]. IEEE communications Magazine, 2011, 49(11): 32-39.

[8] Khan W Z, Xiang Y, Aalsalem M Y, et al. Mobile phone sensing systems: A survey[J]. IEEE Communications Surveys & Tutorials, 2012, 15(1): 402-427.

[9] Akyildiz I F, Su W, Sankarasubramaniam Y, et al. A survey on sensor networks[J]. IEEE Communications magazine, 2002, 40(8): 102-114.

[10] Yick J, Mukherjee B, Ghosal D. Wireless sensor network survey[J]. Computer networks, 2008, 52(12): 2292-2330.

[11] He T, Krishnamurthy S, Luo L, et al. Vigilnet: An integrated sensor network

system for energy-efficient surveillance[J]. ACM Transactions on Sensor Networks (TOSN), 2006, 2(1): 1-38.

[12] Dutta P, Hui J, Jeong J, et al. Trio: enabling sustainable and scalable outdoor wireless sensor network deployments[C]//2006 5th International Conference on Information Processing in Sensor Networks. IEEE, 2006: 407-415.

[13] Liu K, Yang Z, Li M, et al. Oceansense: Monitoring the sea with wireless sensor networks[J]. ACM SIGMOBILE Mobile Computing and Communications Review, 2010, 14(2): 7-9.

[14] Liu Y, He Y, Li M, et al. Does wireless sensor network scale? A measurement study on GreenOrbs[J]. IEEE Transactions on Parallel and Distributed Systems, 2012, 24(10): 1983-1993.

[15] Rachuri K K, Mascolo C, Musolesi M, et al. Sociablesense: exploring the trade-offs of adaptive sampling and computation offloading for social sensing [C]//Proceedings of the 17th annual international conference on Mobile computing and networking. 2011: 73-84.

[16] Tang A, Boring S. # EpicPlay: Crowd-sourcing sports video highlights[C]// Proceedings of the SIGCHI conference on human factors in computing systems. 2012: 1569-1572.

[17] Yang D, Xue G, Fang X, et al. Crowdsourcing to smartphones: Incentive mechanism design for mobile phone sensing[C]//Proceedings of the 18th annual international conference on Mobile computing and networking. 2012: 173-184.

[18] Anderson D P, Cobb J, Korpela E, et al. SETI@ home: an experiment in public-resource computing[J]. Communications of the ACM, 2002, 45(11): 56-61.

[19] http://tech. xinmin. cn/2013/01/23/18307511. html.

[20] http://news. ccidnet. com/art/1032/20121018/4369153_1. html.

[21] Armbrust M, Fox A, Griffith R, et al. A view of cloud computing[J]. Communications of the ACM, 2010, 53(4): 50-58.

[22] Mohan P, Padmanabhan V N, Ramjee R. Nericell: rich monitoring of road and traffic conditions using mobile smartphones[C]//Proceedings of the 6th ACM conference on Embedded network sensor systems. 2008: 323-336.

[23] Rana R K, Chou C T, Kanhere S S, et al. Ear-phone: an end-to-end participatory urban noise mapping system[C]//Proceedings of the 9th ACM/IEEE international conference on information processing in sensor networks. 2010: 105-116.

[24] Maisonneuve N, Stevens M, Ochab B. Participatory noise pollution monitoring using mobile phones[J]. Information polity, 2010, 15(1-2): 51-71.

[25] Nawaz S, Efstratiou C, Mascolo C. Parksense: A smartphone based sensing system for on-street parking[C]//Proceedings of the 19th annual international conference on Mobile computing & networking. 2013: 75-86.

[26] Gunawardena D, Karagiannis T, Proutiere A, et al. Scoop: decentralized and opportunistic multicasting of information streams[C]//Proceedings of the 17th annual international conference on Mobile computing and networking. 2011: 169-180.

[27] Hull B, Bychkovsky V, Zhang Y, et al. Cartel: a distributed mobile sensor computing system[C]//Proceedings of the 4th international conference on Embedded networked sensor systems. 2006: 125-138.

[28] Xiang C, Yang P, Tian C, et al. Passfit: Participatory sensing and filtering for identifying truthful urban pollution sources[J]. IEEE sensors journal, 2013, 13(10): 3721-3732.

[29] Wang D, Kaplan L, Le H, et al. On truth discovery in social sensing: A maximum likelihood estimation approach[C]//Proceedings of the 11th international conference on Information Processing in Sensor Networks. 2012: 233-244.

[30] Willett W, Aoki P, Kumar N, et al. Common sense community: scaffolding mobile sensing and analysis for novice users[C]//International Conference on Pervasive Computing. Springer, Berlin, Heidelberg, 2010: 301-318.

[31] Völgyesi P, Nádas A, Koutsoukos X, et al. Air quality monitoring with sensormap[C]//2008 International Conference on Information Processing in Sensor Networks (ipsn 2008). IEEE, 2008: 529-530.

[32] Mun M, Reddy S, Shilton K, et al. PEIR, the personal environmental impact report, as a platform for participatory sensing systems research[C]//Proceedings of the 7th international conference on Mobile systems, applications, and services. 2009: 55-68.

[33] http://rtpscs. scag. ca. gov/Pages/Program-Environmental-Impact-Report. aspx.

[34] Thiagarajan A, Ravindranath L, LaCurts K, et al. Vtrack: accurate, energy-aware road traffic delay estimation using mobile phones[C]//Proceedings of the 7th ACM conference on embedded networked sensor systems. 2009: 85-98.

[35] Eisenman S B, Miluzzo E, Lane N D, et al. BikeNet: A mobile sensing system for cyclist experience mapping[J]. ACM Trans. Sens. Networks, 2009, 6(1): 1-6:39.

[36] Eisenman S B, Miluzzo E, Lane N D, et al. BikeNet: A mobile sensing system for cyclist experience mapping[J]. ACM Transactions on Sensor Networks (TOSN), 2010, 6(1): 1-39.

[37] Wang Y, Liu X, Wei H, et al. Crowdatlas: Self-updating maps for cloud and personal use[C]//Proceeding of the 11th annual international conference on Mobile systems, applications, and services. 2013: 27-40.

[38] Zhou P, Zheng Y, Li M. How long to wait? Predicting bus arrival time with mobile phone based participatory sensing[C]//Proceedings of the 10th international conference on Mobile systems, applications, and services. 2012: 379-392.

[39] Mathur S, Jin T, Kasturirangan N, et al. Parknet: drive-by sensing of roadside parking statistics[C]//Proceedings of the 8th international conference on Mobile systems, applications, and services. 2010: 123-136.

[40] Reddy S, Parker A, Hyman J, et al. Image browsing, processing, and clustering for participatory sensing: lessons from a dietsense prototype[C]//Proceedings of the 4th workshop on Embedded networked sensors. 2007: 13-17.

[41] Sweeney L. k-anonymity: A model for protecting privacy[J]. International journal of uncertainty, fuzziness and knowledge-based systems, 2002, 10 (05): 557-570.

[42] Yao A C. Protocols for secure computations[C]//23rd annual symposium on foundations of computer science (sfcs 1982). IEEE, 1982: 160-164.

[43] Lenders V, Koukoumidis E, Zhang P, et al. Location-based trust for mobile user-generated content: applications, challenges and implementations[C]//Proceedings of the 9th workshop on Mobile computing systems and applications. 2008: 60-64.

[44] Saroiu S, Wolman A. Enabling new mobile applications with location proofs [C]//Proceedings of the 10th workshop on Mobile Computing Systems and Applications. 2009: 1-6.

［45］Reddy S, Estrin D, Srivastava M. Recruitment framework for participatory sensing data collections［C］//International Conference on Pervasive Computing. Springer, Berlin, Heidelberg, 2010: 138-155.

［46］Danezis G, Lewis S, Anderson R J. How much is location privacy worth? ［C］//WEIS. 2005, 5: 56.

［47］Lee J S, Hoh B. Sell your experiences: a market mechanism based incentive for participatory sensing［C］//2010 IEEE International Conference on Pervasive Computing and Communications (PerCom). IEEE, 2010: 60-68.

［48］Wang D, Abdelzaher T, Kaplan L, et al. On quantifying the accuracy of maximum likelihood estimation of participant reliability in social sensing［C］//DMSN11: 8th international workshop on data management for sensor networks. 2011.

［49］Wang D, Kaplan L, Abdelzaher T, et al. On scalability and robustness limitations of real and asymptotic confidence bounds in social sensing［C］//2012 9th Annual IEEE Communications Society Conference on Sensor, Mesh and Ad Hoc Communications and Networks (SECON). IEEE, 2012: 506-514.

［50］Wang D, Kaplan L, Abdelzaher T, et al. On credibility estimation tradeoffs in assured social sensing［J］. IEEE Journal on Selected Areas in Communications, 2013, 31(6): 1026-1037.

［51］Wang D, Abdelzaher T, Ahmadi H, et al. On bayesian interpretation of fact-finding in information networks［C］//14th International Conference on Information Fusion. IEEE, 2011: 1-8.

［52］http://finance. ifeng. com/news/hqcj/20120406/5882491. shtml.

［53］http://en. wikipedia. org/wiki/Dirty_bomb.

［54］Rao N S V, Shankar M, Chin J C, et al. Identification of low-level point radiation sources using a sensor network[C]//2008 International conference on information processing in sensor networks (IPSN 2008). IEEE, 2008: 493-504.

[55] Liu A H, Bunn J J, Chandy K M. Sensor networks for the detection and tracking of radiation and other threats in cities[C]//Proceedings of the 10th ACM/IEEE International Conference on Information Processing in Sensor Networks. IEEE, 2011: 1-12.

[56] Chin J C, Yau D K Y, Rao N S V, et al. Accurate localization of low-level radioactive source under noise and measurement errors[C]//Proceedings of the 6th ACM conference on Embedded network sensor systems. 2008: 183-196.

[57] Tan R, Xing G, Wang J, et al. Exploiting reactive mobility for collaborative target detection in wireless sensor networks[J]. IEEE Transactions on Mobile Computing, 2009, 9(3): 317-332.

[58] Xing G, Wang J, Yuan Z, et al. Mobile scheduling for spatiotemporal detection in wireless sensor networks[J]. IEEE Transactions on Parallel and Distributed Systems, 2010, 21(12): 1851-1866.

[59] Dempster A P, Laird N M, Rubin D B. Maximum likelihood from incomplete data via the EM algorithm[J]. Journal of the Royal Statistical Society: Series B (Methodological), 1977, 39(1): 1-22.

[60] Faulkner M, Olson M, Chandy R, et al. The next big one: Detecting earthquakes and other rare events from community-based sensors[C]//Proceedings of the 10th ACM/IEEE International Conference on Information Processing in Sensor Networks. IEEE, 2011: 13-24.

[61] Nehorai A, Porat B, Paldi E. Detection and localization of vapor-emitting sources[J]. IEEE Transactions on Signal Processing, 1995, 43 (1):

243-253.

[62] Jeremic A, Nehorai A. Landmine detection and localization using chemical sensor array processing[J]. IEEE transactions on signal processing, 2000, 48 (5): 1295-1305.

[63] Zhao T, Nehorai A. Detecting and estimating biochemical dispersion of a moving source in a semi-infinite medium[J]. IEEE Transactions on Signal Processing, 2006, 54(6): 2213-2225.

[64] Zhao T, Nehorai A. Distributed sequential Bayesian estimation of a diffusive source in wireless sensor networks[J]. IEEE Transactions on Signal Processing, 2007, 55(4): 1511-1524.

[65] Chin J C, Rao N S V, Yau D K Y, et al. Identification of low-level point radioactive sources using a sensor network[J]. ACM Transactions on Sensor Networks (TOSN), 2010, 7(3): 1-35.

[66] Matthes J, Groll L, Keller H B. Source localization by spatially distributed electronic noses for advection and diffusion[J]. IEEE Transactions on Signal Processing, 2005, 53(5): 1711-1719.

[67] Weimer J, Sinopoli B, Krogh B. Multiple source detection and localization in advection-diffusion processes using wireless sensor networks[C]//2009 30th IEEE Real-Time Systems Symposium. IEEE, 2009: 333-342.

[68] Chin J C, Yau D K Y, Rao N S V. Efficient and robust localization of multiple radiation sources in complex environments[C]//2011 31st International Conference on Distributed Computing Systems. IEEE, 2011: 780-789.

[69] Sundaresan A, Varshney P K, Rao N S V. Distributed detection of a nuclear radioactive source using fusion of correlated decisions[C]//2007 10th International Conference on Information Fusion. IEEE, 2007: 1-7.

[70] Yang Y, Hou I H, Hou J C, et al. Sensor placement for detecting propagative sources in populated environments [ C ]//IEEE INFOCOM 2009. IEEE, 2009: 1206-1214.

[71] Miluzzo E, Lane N D, Campbell A T, et al. CaliBree: A self-calibration system for mobile sensor networks[ C ]//International Conference on Distributed Computing in Sensor Systems. Springer, Berlin, Heidelberg, 2008: 314-331.

[72] Xiang Y, Bai L, Piedrahita R, et al. Collaborative calibration and sensor placement for mobile sensor networks[ C ]//Proceedings of the 11th international conference on Information Processing in Sensor Networks. 2012: 73-84.

[73] Feng J, Megerian S, Potkonjak M. Model-based calibration for sensor networks[ C ]//SENSORS, 2003 IEEE. IEEE, 2003, 2: 737-742.

[74] Krause A. SFO: A toolbox for submodular function optimization[ J ]. Journal of Machine Learning Research, 2010, 11: 1141-1144.

[75] Krause A, Guestrin C. Near-optimal observation selection using submodular functions[ C ]//AAAI. 2007, 7: 1650-1654.

[76] Guestrin C, Krause A, Singh A P. Near-optimal sensor placements in gaussian processes[ C ]//Proceedings of the 22nd international conference on Machine learning. 2005: 265-272.

[77] Wang Y, Tan R, Xing G, et al. Accuracy-aware aquatic diffusion process profiling using robotic sensor networks[ C ]//2012 ACM/IEEE 11th International Conference on Information Processing in Sensor Networks ( IPSN ). IEEE, 2012: 281-292.

[78] Taha H A. Operations research: an introduction[ M ]. Upper Saddle River, NJ, USA: Pearson/Prentice Hall, 2011.

[79] Carlin B P, Louis T A. Bayes and empirical Bayes methods for data analysis [J]. Statistics and Computing, 1997, 7(2): 153-154.

[80] Wu C F J. On the convergence properties of the EM algorithm[J]. The Annals of statistics, 1983: 95-103.

[81] Bychkovskiy V, Megerian S, Estrin D, et al. A collaborative approach to in-place sensor calibration [C]//Information processing in sensor networks. Springer, Berlin, Heidelberg, 2003: 301-316.

[82] Tsujita W, Ishida H, Moriizumi T. Dynamic gas sensor network for air pollution monitoring and its auto-calibration[C]//SENSORS, 2004 IEEE. IEEE, 2004: 56-59.

[83] Tan R, Xing G, Liu X, et al. Adaptive calibration for fusion-based wireless sensor networks[C]//2010 Proceedings IEEE INFOCOM. IEEE, 2010: 1-9.

[84] Whitehouse K, Culler D. Calibration as parameter estimation in sensor networks[C]//Proceedings of the 1st ACM international workshop on Wireless sensor networks and applications. 2002: 59-67.

[85] Tan R, Xing G, Yuan Z, et al. System-level calibration for fusion-based wireless sensor networks[C]//2010 31st IEEE Real-Time Systems Symposium. IEEE, 2010: 215-224.

[86] Balzano L, Nowak R. Blind calibration of sensor networks[C]//Proceedings of the 6th international conference on Information processing in sensor networks. 2007: 79-88.

[87] Zwillinger D, Kokoska S. CRC standard probability and statistics tables and formulae[M]. Crc Press, 1999.

[88] Kullback S, Leibler R A. On information and sufficiency[J]. The annals of mathematical statistics, 1951, 22(1): 79-86.

[89] Thomas M, Joy A T. Elements of information theory[M]. Wiley-Interscience, 2006.

[90] Han B, Srinivasan A. Your friends have more friends than you do: identifying influential mobile users through random walks[C]//Proceedings of the thirteenth ACM international symposium on Mobile Ad Hoc Networking and Computing. 2012: 5-14.

[91] Bai F, Sadagopan N, Helmy A. The IMPORTANT framework for analyzing the Impact of Mobility on Performance Of RouTing protocols for Adhoc NeTworks[J]. Ad hoc networks, 2003, 1(4): 383-403.

[92] Kotz D, Henderson T, Abyzov I, et al. CRAWDAD trace dartmouth. 2005, http://crawdad. cs. dartmouth. edu/dartmouth/campus/movement.

[93] Shen G, Chen Z, Zhang P, et al. {Walkie-Markie}: Indoor Pathway Mapping Made Easy[C]//10th USENIX Symposium on Networked Systems Design and Implementation (NSDI 13). 2013: 85-98.

[94] Bickel P J, Doksum K A. Mathematical statistics: Ideas and concepts[J]. 1977.

[95] Rissanen J J. Fisher information and stochastic complexity[J]. IEEE transactions on information theory, 1996, 42(1): 40-47.

[96] Bickel P J, Doksum K A. Mathematical statistics: basic ideas and selected topics, volumes I-II package[M]. Chapman and Hall/CRC, 2015.

[97] Casella G, Berger R L. Statistical inference[M]. 2nd ed. Pacific Grove: Duxbury, 2002: 189-190.

[98] http://www. sjsu. edu/faculty/gerstman/EpiInfo/z-table. htm.

[99] http://www. chinareports. org. cn/zz/zgcs/csjj/news272679. htm.

[100] Zhou X, Zhang Z, Wang G, et al. Practical conflict graphs for dynamic spectrum distribution[C]//Proceedings of the ACM SIGMETRICS/interna-

tional conference on Measurement and modeling of computer systems. 2013:
5-16.

[101] Schulman A, Navda V, Ramjee R, et al. Bartendr: a practical approach to
energy-aware cellular data scheduling[C]//Proceedings of the sixteenth an-
nual international conference on Mobile computing and networking. 2010:
85-96.

[102] Haas Z J, Winters J H, Johnson D S. Simulation study of the capacity
bounds in cellular systems[C]//5th IEEE International Symposium on Per-
sonal, Indoor and Mobile Radio Communications, Wireless Networks-Catch-
ing the Mobile Future. IEEE, 1994, 4: 1114-1120.

[103] Necker M C. Towards frequency reuse 1 cellular FDM/TDM systems[C]//
Proceedings of the 9th ACM international symposium on Modeling analysis
and simulation of wireless and mobile systems. 2006: 338-346.

[104] Yang L, Cao L, Zheng H. Physical interference driven dynamic spectrum
management[C]//2008 3rd IEEE Symposium on New Frontiers in Dynamic
Spectrum Access Networks. IEEE, 2008: 1-12.

[105] Padhye J, Agarwal S, Padmanabhan V N, et al. Estimation of link interfer-
ence in static multi-hop wireless networks[C]//Proceedings of the 5th ACM
SIGCOMM Conference on Internet Measurement. 2005: 28-28.

[106] Maheshwari R, Jain S, Das S R. A measurement study of interference mod-
eling and scheduling in low-power wireless networks[C]//Proceedings of the
6th ACM conference on Embedded network sensor systems. 2008: 141-154.

[107] http://www.wifly-city.com.tw/en/index.php.

[108] Shin H, Chon Y, Cha H. Unsupervised construction of an indoor floor plan
using a smartphone[J]. IEEE Transactions on Systems, Man, and Cyber-
netics, Part C (Applications and Reviews), 2011, 42(6): 889-898.

［109］Yang Z, Wu C, Liu Y. Locating in fingerprint space: Wireless indoor locali-zation with little human intervention［C］//Proceedings of the 18th annual in-ternational conference on Mobile computing and networking. 2012: 269-280.

［110］Bruno L, Robertson P. Wislam: Improving footslam with wifi［C］//2011 In-ternational Conference on Indoor Positioning and Indoor Navigation. IEEE, 2011: 1-10.

［111］Rai A, Chintalapudi K K, Padmanabhan V N, et al. Zee: Zero-effort crowdsourcing for indoor localization［C］//Proceedings of the 18th annual international conference on Mobile computing and networking. 2012: 293-304.

［112］http://www. sensorly. com/.

［113］Jarque C M, Bera A K. Efficient tests for normality, homoscedasticity and serial independence of regression residuals［J］. Economics letters, 1980, 6 (3): 255-259.

［114］Karger D R, Oh S, Shah D. Efficient crowdsourcing for multi-class labeling ［C］//Proceedings of the ACM SIGMETRICS/international conference on Measurement and modeling of computer systems. 2013: 81-92.

［115］Goldsmith A. Wireless communications［M］. Cambridge university press, 2005.

［116］Phillips C, Senior R. CRAWDAD data set pdx/metrofi, 2011, http://craw-dad. cs. dartmouth. edu/pdx/metrofi.

［117］Robinson J, Swaminathan R, Knightly E W. Assessment of urban-scale wire-less networks with a small number of measurements［C］//Proceedings of the 14th ACM international conference on Mobile computing and networking. 2008: 187-198.

[118] Gill P E, Murray W. Quasi-Newton methods for unconstrained optimization [J]. IMA Journal of Applied Mathematics, 1972, 9(1): 91-108.

[119] Keally M, Zhou G, Xing G, et al. Pbn: towards practical activity recognition using smartphone-based body sensor networks [C]//Proceedings of the 9th ACM Conference on Embedded Networked Sensor Systems. 2011: 246-259.

第二部分

新型无源感知技术和应用

# 第6章 新型无源感知技术介绍

## 6.1 背景与意义

随着物联网的快速发展,人类逐渐步入了智能时代。大量的智能设备与系统相继被开发和应用,如智能家居系统、智能看护系统以及智能建筑系统等。相比过去手动控制系统,智能化系统可以根据用户的位置信息及时提供个性化服务,从而使人类的生活更加快捷方便。智能家居系统可以根据用户在屋内的位置为其提供方便的智能服务,如当用户走进房间时智能电灯会马上开启,而当用户离开该房间后电灯会自动关闭;智能看护系统会实时监测室内留守老人的运动轨迹与行为活动,及时汇报老人所处的位置以及其异常状态;智能建筑系统能够实时监测办公室内人员活动,对重要部门或者场所的人员位置和轨迹进行监控,及时发现不轨行为和非法活动。室内用户的位置信息在智能系统中占据着举足轻重的位置,室内人体定位成为物联网研究中的重要课题之一[1]。

目前,室内定位用户位置的手段和方法可谓百花齐放,包括视频定位[2]、红外定位[3]、压力定位[4]、声音定位[5]、无线定位等。视频定位是指利用摄像头捕捉人体信息,根据人体距离摄像头的相对位置对其进行定位,但是视频定位性能受光线影响严重且易泄露个人隐私信息;红外定位需要严格的视距路径,在复杂的室内环境下定位性能受限;压力定位是靠地面部署大量的压力传感器来感知人体所站立的位置,其部署代价较高且仅可以实现离散位置定位;声音定位是根据用户说话的声音进行测距定位,其定位性能易受周围噪声影响,且穿墙能力较弱。相比之上的定位手段,无线定位具有部署方便、穿透力强、覆盖范围广、隐私保护等优点。随着无线技术的快速发展和无线设备的普适化,无线定位受到来自科学界和工业界越来越广泛的关注。

为了获得准确的用户位置信息,无线定位系统要求用户携带相关的无线设备,包括电子标签、手机或节点等。无线定位系统根据无线信号能量路径耗损或者传播延时等原理,通过计算接收到的信号能量或者信号达到时间差来计算用户携带设备与锚点设备之间的距离[6],进而利用无线定位算法来计算出用户的位置[7]。常见的技术包括基于 RFID(Radio-Frequency IDentification)室内定位[8]、基于无线传感网室内定位技术[9]、基于基站信号室内定位技术[10]、基于WiFi 室内定位技术[1]等,此类定位称为主动式定位技术。然而并非所有用户都能或愿意主动配合定位,或是因为设备丢失、损坏,或是仪器携带不便,或是因为心理上并不想泄露自己的行踪,尤其是在智能安防系统中更不可能让入侵者配合对其进行定位[11]。基于无线信号的被动式定位技术成为定位领域又一课题。

无线被动定位,又名设备无关被动定位[12],是指人体在不携带任何定位设备的情况下,定位系统能够通过无线信号特征变化来对无线覆盖范围的人体进行检测、定位、跟踪甚至识别[13],如图 6.1 所示。无线被动定位系统被部署在感兴趣的区域后,当用户进入该区域时,其身体会对区域内的无线信号传播造成影响,检测系统利用统计学习和机器学习相关方法对目标的出现进行检测、定位、跟踪和识别[14]。相对于主动定位系统,无线被动定位系统一旦部署便可长期对目标区域进行监测,不受用户状态和行为的影响。理想的被动定位系统应该具有低的误报率和漏报率、高定位精度、易扩展、可实现多目标检测、定位与跟踪的特点。

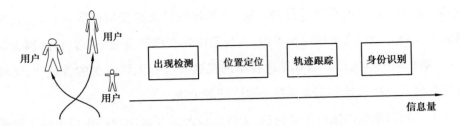

图6.1　设备无关被动人体定位研究

在科学界,大量的无线被动式定位技术利用无线传感器网络或者 RFID 数字标签得以实现,然而无线设备无关被动定位在室内发展遭受了巨大的阻碍。室内环境复杂,节点能量有限,往往需要部署大量的传感器节点和数字标签,增加了系统的部署和维护开销[15]。另外,室内复杂的多径效应对无线信号特征具有较大的影响[16],定位性能损失严重,这些都严重阻碍了无线被动定位技术的室内普适性应用。尽管无线被动定位在工厂矿区监测、安全防卫、设备安全管理等方面具有广阔的应用前景[17],但目前已有的室内无线被动定位技术与实际应用之间尚有较大的距离。

随着无线局域网(WLAN)与移动通信的飞速发展,大量的无线接入点(Wi-Fi)被部署在城市楼宇的各个房间。相比传统的 WSN(Wireless Sensor Network)和 RFID,WiFi 设备价格低廉,信号强度大,覆盖范围广,无线 WiFi 信号充斥着整个房间、楼道。大量的 WiFi 设备为室内设备无关被动定位提供了普适的基础无线平台,这将大大有利于室内设备无关被动定位技术普适应用[18]。国内外学者积极展开基于 WiFi 的室内设备无关被动定位技术研究,目前大部分系统都是采用易于获取的接收信号强度指示(Received Signal Strength Indicator,RSSI)作为基础信号特征,基于人体视距遮挡效应实现对视距路径上人体出现检测[19-20],进而实现多链路条件下的人体定位。然而接收信号强度自身的缺陷,在室内环境下受多径效应的影响较为严重,系统的部署开销、检测粒度和定位精度无法达到令人满意的程度,需要探索一种稳定性强、细粒度、超越 RSSI 的信号特征来实现室内高精度设备无关被动定位。本书拟对该问题展开研究,提出利用无线物理层信道响应来实现室内细粒度设备无关被动人体定位。

　　无线信道响应能够从时域和频域的角度来详细地刻画无线信号传播模型。室内无线信号往往会经历小尺度频率选择性衰减,无线信道响应中能够包含大量的环境特征信息,能够为室内无线感知提供丰富的物理信息。近年来,研究人员通过修改商业网卡驱动[21]或者固件[22]已能获取普通 WiFi 信号中的无线多载波信号状态信息。具体而言,通过兼容 IEEE802.11a/g/n 协议的无线网卡可以从每个通信数据包中提取多载波水平的信道状态信息。无线信道状态信息(Channel State Information,CSI)是一种细粒度的信号特征信息,其包含子载波信号的振幅与相位信息。每组 CSI 代表一个正交频分复用(Orthogonal Frequency Division Multiplexing,OFDM)子载波的振幅和相位[23]。相比单值 RSSI,提取的多载波信道状态信息包含了更丰富、更细粒度的环境信息,能够有效地刻画室内无线信号多径传播且能敏感地感知多径信号变化。可见,多载波信道状态信息能够大大提高了无线感知灵敏度,扩大了无线感知范围,增强了无线感知的可靠性[24-25]。相比 RSSI,CSI 在室内普适计算领域具有更加广阔的应用前景,目前其相关研究在国际上正处于起步阶段[26-27]。本书预探究 CSI 用于室内设备无关被动人体检测,定位的有效性、稳定性和高效性,利用 CSI 来取得先进的室内设备无关被动定位技术,推动我国无线室内设备无关被动定位技术的发展。

　　本部分从无线感知的视角出发,针对室内设备无关被动定位中的人体出现检测与人体位置定位等进行研究,探索普适的室内细粒度设备无关被动人体定位技术。

# 6.2　国内外相关研究

　　随着物联网和无线通信技术的迅猛发展,无线被动定位成为一个新兴的研究课题。国内外大量的学者对其进行了探索性研究,并取得了一定量的研究成果。本节将从最早的基于 RFID 被动定位到后来的基于无线传感网的被动定位,再到当今普适的基于 WiFi 的被动定位进行逐一详细介绍。这三类被动定位系统都是采用无线技术,基于人体对无线信号的干扰进行定位。但这三类系统无线标准不同,部署方式不同,定位精度也存在一定差异性,本节将详述这三类系统的相关内容。

## 6.2.1 基于 RFID 设备无关被动人体定位研究

RFID 是 Radio Frequency Identification 的缩写,即射频识别,俗称电子标签。它是一种非接触式的自动识别技术,通过无线射频信号来存储和获取数据,是一种简易的无线系统。通常,RFID 系统包括两个基本部件:阅读器与标签。阅读器可以读取从电子标签中发射出的数据,电子标签可以以主动或者被动的方式来存储数据。阅读器与标签之间可以采用自定义的无线频率来进行数据传输。目前,RFID 标签技术已经被广泛应用到物联网中。

RFID 标签可以应用于数据通信,其具有的许多优点可以得到更多的应用。其中,RFID 标签可以被应用于被动式人体定位与轨迹跟踪。Yunhao Liu 等[28]在 Percom 07 首先提出基于 RFID 标签的被动式人体轨迹跟踪。代替之前将 RFID 标签绑定在人体上,他们将大量 RFID 标签以阵列方式密集部署在感兴趣的区域内。当人体在某一时刻经过该区域时,其轨迹路径上的电子标签的无线信号强度将会受到人体遮挡效应和反射效应的影响,而其他远离人体的标签的信号强度并不受其影响。通过分析所有的标签时域上信号强度变化可以推导出人体是否存在以及可能的位置。然而当人体经过监测区域时,其可能同时影响多个标签,且从电子标签中读取的信号强度存在较大噪声,这都将严重影响人体定位和跟踪性能。

为了克服被动标签含有噪声的 RSSI 对定位性能的影响,Daqiang Zhang 等[29]研发了 TASA 系统,引入主动标签到基于 RFID 被动式人体定位跟踪。作者发现信号能量强度和距离对成功读取数据有重要的影响,相比之下主动标签能够在最小的 RSSI 改变条件下更快地被成功读取。TASA 通过在一些已知的位置部署主动标签作为参考标签来提高定位性能,且能够准确地对多人进行定位。

主动标签比被动标签价格昂贵,不利于大规模部署应用场景。为了能够在仅使用被动标签的条件下取得较高可靠的定位精度,2014 年,西安交通大学 Jinsong Han 等[30]研发了一种新颖的人体检测与跟踪技术——“Twins”。他们通过大量的观察发现在被动标签中的耦合效应能够有效地检测人体移动。当两个被动标签平行且间隔一定的距离时,阅读器仅仅能够读取一个标签的数据,而当人靠近这两个被动标签时人体干扰了原有信号的特征,阅读器可以读取两个标签的数据。通过统计阅读器读取标签的数量可以得知是否有人体靠近。作者进一步采用 KNN 算法并结合粒子滤波算法来计算人体移动轨迹,进而实现了相对稳定的基于 RFID 的设备无关被动定位。

以上的方法都是建立在一个二分信息模型上,通过特征值是否超过阈值来判断是否有人体经过,进而在融合所有标签信息后对人体的位置进行定位。然而来自标签的 RSSI 值是动态变化的且分布是不均匀的,受到环境噪声的影响,其值多为随机变量。为此 Wenjie Ruan 等[31]探索被动标签的 RSSI 分布与人体位置的关系。作者将定位问题建模成一个分类任务,在大量实验探索后,提出两种新的方法:基于混合高斯的隐马尔科夫模型和基于 k 近邻的隐马尔科夫模型,实现了在噪声环境下的基于 RFID 的设备无关被动定位。

传统的被动标签调制其 ID 信息都是基于反向散射来实现,而散射信号容易受到天线发射干扰导致其不可靠。同时,阅读器和标签之间的传输信号能够受到来自人体和墙壁等反射,散射信号中同时包含着来自人体的反射信号,而当阅读器和标签中间不存在视距路径或者人体离标签较远时,其对传输信号的干扰较弱。2015 年,清华大学 Lei Yang 等探索研发了 Tadar 系统[32],其能够基于相位信息从本来很微弱的散射信号中提取来自人体的反射信号,能够成功实现穿墙人体检测。Tadar 系统进一步将人体移动建模为隐马尔科夫模型,将人体位置作为隐状态而来自人体的反射信号作为显状态,最后利用维比特编码实现人体定位和轨迹跟踪。

## 6.2.2　基于无线传感网设备无关被动人体定位研究

随着物联网的发展,低功耗、远距离通信的传感器节点被大量研发,无线传感器网络得到了广泛研究。不同于 RFID 标签,传感器节点之间可以相互通信,能够实现区域节点密集覆盖,同时节点通信距离可达几十米,有利于通过无线传感器网络来实现对大区域环境监测。许多学者注意到人体中含有大量的水分,当人体穿越两个节点通信的视距路径时,人体能够吸收大量的无线信号能量,导致节点接收到的信号强度发生变化。基于上述原理,大量的学者展开基于无线传感网设备无关被动定位研究,其定位模型主要分为两类:基于指纹匹配的设备无关被动定位和基于射频层析成像的设备无关被动定位。

(1)基于指纹匹配的设备无关被动定位

该方法通常包括两个阶段:离线训练阶段和在线定位阶段。在监测区域内部署大量的传感器节点,组成无线传感网。人体位于不同的位置时所干扰的通信链路不同,通过采集人体位于不同位置上时各个链路的信号强度信息便能够在后期对区域内人体的位置进行定位。在离线训练阶段,各个节点分别采集人体位于不同指纹位置上时其到联通节点链路信号强度 RSS,将所有节点联通链路上的 RSS 集合作为该位置的指纹信号,然后将勘测人员位置与 RSS 集合的对应关系记录于数据库中。当在线定位时,传感器节点实时采集联通链路上的信号强度 RSS,然后将 RSS 集合信息上传到定位服务器系统,定位系统将搜索匹配库中与实时 RSS 集合最相近的 RSS 集合,其对应的位置值则认为是人体最可能所在的位置[33]。

基于以上基本原理,2007 年香港科技大学的 Zhang 等在 PerCom 07 会议上率先提出了基于指纹匹配的被动定位模型[34],其实验过程中采用当时流行的

MICA2节点,无线频率为870 MHz。Zhang等自行研发了Best-cover算法,该算法基于勘测指纹信息能够对多人进行位置定位。当无线传感网部署于室内环境时,受到室内多径效应的影响,人体对RSS值的影响变得随机和不可预测。为了克服多径影响,提高室内被动定位的性能,2012年美国罗格斯大学的Xu等在IPSN会议上提出选择基于指纹匹配的方法[35]。其利用小型传感器,通过多种手段来提升被动定位的性能。首先,对单元格中的位置进行密集训练,消除格内位置信号指纹差异性和人体朝向对信号的影响;其次,通过对比多种分类器,得出线性判别LDA能够取得较优异的定位精度。在2013年IPSN会议上,Xu等提出了多人定位的SCPL系统[20],该系统基于单人条件下勘测的指纹数据库来探索实现对多人位置进行定位。首先通过利用连续取消算法迭代确定人体数量,然后通过条件随机场算法来推断多人位置。SCPL系统的平均定位误差可达1.5 m。

Zhang和Xu等提出的系统都是建立在信号指纹库的基础上,尽管现场勘测可以有效地克服多径效应影响,但是指纹库的构建是一项十分耗时的工作。当室内环境发生变化时,指纹库中的大量指纹数据可能会失效,需要重新进行指纹勘测。为了降低指纹勘测的花费,斯蒂文斯理工学院的Yingying Chen教授利用密度聚类算法实现无现场勘测的室内被动人体检测与定位。在网格聚类算法的基础上提出GREEK算法来检测人体移动[36],通过多条链路协作方式增强人体检测的性能。

(2)基于射频层析成像的设备无关被动定位

2010年,美国犹他州立大学SPAN实验室的J. Wilson和N. Patwar提出将无线被动定位跟踪问题建模为射频层析成像(Radio tomographic imaging, RTI)问题[37],如图6.2所示。该技术无须现场勘测,可以大大降低人力和时间开销。其基本原理如下:

如图6.2所示,当无线节点相互通信时,无线信号能够穿越监测区域。在区域内的人体能够吸收、反射、衍射和散射部分传输信号。RTI系统的目标就是

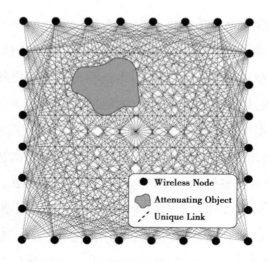

图 6.2　无线射频层析成像网络示意图[37]

去推断一个向量 $x \in R^N$，该向量描述了人体出现在 $N$ 个像素网络区域内时无线信号发生衰减的位置。假如在 RTI 网络中部署大量令牌环的无线传感器节点，节点数量为 $K$，则对应的点对点的链接总数为 $M = K(K-1)/2$。如果所有的链路被同时使用，则系统所采集的 RSS 可以用以下公式进行描述：

$$y = Wx + n \tag{6.1}$$

式中　$y$——接收到的 RSS 值向量；

$n$——噪声向量；

$W$——$M \times N$ 的权重矩阵，每一列代表单独的一个像素，每一行描述了某一个链路在每个像素的权重；

$x$——被估计的信号强度衰减图像向量，dB。

式(6.1)求解的问题实质上是一个病态问题。假设噪声符合高斯分布，则对公式的最大似然(ML)估计的最小二乘解为

$$\hat{x}_{ML} = (W^T W)^{-1} W^T y \tag{6.2}$$

其中，矩阵 $(W^T W)$ 总是奇异的。尽管最大似然估计最小化了方差，但却放大了噪声影响。通过将最小似然估计与最大先验概率相结合，可以将式(6.1)进行变换获得以下公式：

$$\hat{x} = (W^{\mathrm{T}}W + C_x^{-1}\sigma_N^2)^{-1}W^{\mathrm{T}}y \tag{6.3}$$

其中,一个先验的协方差矩阵 $[C_x]_{kl} = \sigma_x^2 \mathrm{e}^{-d_{kl}/\delta_c}\delta_c$, $\delta_c$ 是控制成像的平滑度,$\sigma_x^2$ 代表像素的方差。

$$d_{ij}(1) + d_{ij}(2) < d + \lambda \tag{6.4}$$

式中　$d_{ij}(1)$ 和 $d_{ij}(2)$——像素点 $j$ 到达链接 $i$ 的两个端点的欧式距离;

　　　$d$——链路 $i$ 的欧式距离;

　　　$\lambda$——椭圆宽度的参数。

当在上述公式成立的条件下,可以得知每个像素的权重 $w_{ij} = 1/\sqrt{d}$,否则 $w_{ij} = 0$。最后,将所求的权重矩阵 $W$ 与协方差矩阵 $C_x$ 带入式(6.3)中可计算出 $\hat{x}$ 图像。图像中像素点最高的一个坐标即为目标所应用的空间位置。

由于 $x$ 向量估计的准确性依赖信号强度大小,当在非视距路径情况下,尤其是当信号穿越墙体时,信号强度大小会被严重衰减。RSS 值大小对人体的感知度下降,为此 Joey Wilson 提出基于信号强度变化的无线层析成像网络模型,图像中每一个像素可以表示为 $\mathrm{Var}[R_{\mathrm{dB}}]$,然后基于 RTI 基本原理可以推测人体所在位置。此后,N. Patwar 团队分别从信道多样性[38]、信号衰减程度[39]、核距离模型[40]、定向 RTI[41] 等多个角度提出多种针对 RTI 系统的改进方案。

国内大量的学者针对 RTI 定位系统进行了深入的研究[42-46]。北京邮电大学的门爱东教授与 Rabbat 教授合作,在 RTI 系统和多目标跟踪技术展开深入研究,其中文献[42]提出利用序列蒙特卡罗的被动无线定位跟踪系统进行深入研究。

随着压缩感知技术的飞速发展,利用压缩感知技术重构出目标位置稀疏信号的设备无关被动定位成为专家学者新的研究课题。Kanso 等最先将压缩感知技术应用于被动定位问题[9],将压缩感知与 RTI 相结合,通过求 $l_1$ 范数最小化求解来估计目标的位置。大连理工大学的王杰博士提出一种利用无线网络各节点间电波传播时间信息实现被动定位的新方法[19]。同时提出利用压缩感知技术产生分布式粒子序列的改进版粒子滤波算法[47-48],通过贝叶斯贪婪匹配追踪算法来解决 RTI 中的病态求逆问题,通过迭代计算每个像素在测量矩阵的误差补偿中的贡献,重构出图中每个像素点所应用的信号强度衰减向量。上海大学刘凯等针对多目标定位中因射频信号时变特性引起的问题,结合指纹法,提出基于压缩感知的被动目标定位算法[49]。

RTI 是基于无线视距传播的成像,依赖人体对无线信号的遮挡效应。而在室内环境下,视距传播条件有限且传播距离短,室内多径效应相对室外更加严重。当人体遮挡住无线链路时,其 RSS 值由于增益效应或相消效应可能增加,也可能减少,有时甚至不变,因此室内环境下 RTI 定位效果并不理想。

## 6.2.3  基于 WiFi 室内设备无关被动人体定位研究

随着无线技术的发展,无线局域网(WLAN)技术得到了新的广泛的研究。相比传统的传感网和 RFID 而言,WLAN 通信范围广,易部署,易接入,且具有更加广泛的普适性。2007 年,基于 WiFi 的室内设备无关被动定位技术得到了学者的关注和研究。尤其是随着智能移动设备的快速发展,WiFi 技术得到了突飞性发展,近些年来 WiFi 设备被大量、密集地部署于城市的各个房间与角落,为智慧城市的发展提供了普适的平台。大量的基于 WiFi 的智慧应用也得到了广泛和深入的研究。2011 年以来,传统的基于 WiFi 的被动定位技术向着细粒度、小型化、高敏感度的方向发展,以求能够被普适地应用于千家万户[50]。

目前,基于 WiFi 的室内设备无关被动定位技术主要分为基于链路层信号特征的被动定位和基于物理层信号特征的被动定位。基于链路层信号特征的室内被动定位主要依赖商业的 Wi-Fi 设备,链路层信号特征易于获取和计算,然而其分辨率较低且易受室内多径效应影响。之后,大量的学者基于 USRP 专业设备调制新的 Wi-Fi 信号,以获取分辨率高、更加可控的无线信号来实现室内设备无关被动定位技术。

(1)基于链路层信号特征的 Wi-Fi 被动定位

亚历山大大学的 Moustafa Yourssef 教授在 Mobicom2007[13] 首先基于 WLAN

提出了"Device-free Passive Lolicazation"(DFPL)设备无关被动定位的概念,其详述了设备无关被动定位包含的内容(图 6.1)以及存在的挑战,并通过描述基于 WiFi 设备实现设备无关被动定位系统不同功能的算法来证明设备无关被动定位的可行性。在 NTMS2009 上,Youssef 进一步分析了在传统室内 WLAN 环境下的 DfP 跟踪系统的不同算法[11],从时间和空间上研究环境改变对系统精度的影响。以上两项工作为后来室内基于 WiFi 的被动定位跟踪奠定了研究框架和理论基础。Youssef 在后续的工作中[51-55],在大规模 WLAN 网站中进行了实体物理实验,设计并实现了基于位置信号指纹的室内 WLAN 环境下的被动定位跟踪系统 Nuzzer[56],能够在离散空间和连续空间对人体进行室内定位和跟踪。

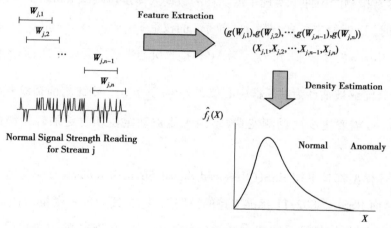

图 6.3　RASID 系统标准文件测量值分布[53]

之后,该团队进一步研发了著名的 RASID 设备无关被动人体检测系统[53],为了降低现场勘测的力度,RASID 采用了基于统计学的异常检测技术,能够仅依靠一个标准文件实现轻量级人体检测(如图 6.3 所示)。RASID 假设静态环境下接收机采集的 RSS 值其密度函数为 $f_j$,对于第 $j$ 个接收机和发射机数据流的随机采样 $x_{j,1}, x_{j,2}, \cdots, x_{j,n}$ 来说,被估计的密度函数 $\hat{f}_j(x)$ 为 $\sum_{i=1}^{n} V((x - x_{j,i})/h_j)/nh_i$,其中,$n$ 为滑动窗口数目,$h_j$ 为带宽,$V$ 为核函数。RASID 选择了高效的 Epanechnikov 核函数[57],其定义为

$$V(q) = \begin{cases} \dfrac{3}{4}(1 - q^2), \text{if}(\ |q| \ \le 1) \\ 0, \text{otherwise} \end{cases} \tag{6.5}$$

而最优带宽则可以使用 Scott 法则[57]估计为 $h_j^* = 2.345\hat{\sigma}_j n^{-0.2}$，$\hat{\sigma}_j$ 为 $x_{j,i}$ 的标准差。对一个被给定参数的 $\alpha$ 和假设的累计分布函数 $\hat{F}_j$，其测试值可以根据是否大于检测阈值 $\hat{F}_j^{-1}(\alpha)$ 来进行判断。随着智能感知的发展，人体移动检测此后得到了越来越多的学者关注。

基于 RASID 被动人体检测模型，Moustafa Yourssef 等融合了粒子滤波算法，在异常检测的条件下实现了低功耗的被动人体定位跟踪 Ichnaea[58]。对数据流 $j$，在时间 $t$ 时给定异常分数 $a_{j,t}$，粒子 $i$ 的权重 $z_{ij,t} = a_{j,t} \times d_j/(d_{AP_{j,i}} + d_{MP_{j,i}})$，其中 $d_j$ 为链路长度，$d_{AP_{j,i}}$ 和 $d_{MP_{j,i}}$ 为 AP 和接收机与粒子之间的距离，而人体的位置 $r_t$ 最终能够被估计为粒子群中心位置 $r_t = \sum_{i=1}^{N} r_{i,t} z_{i,t}$。相比之前指纹匹配的算法，Ichnaea 需要更少的勘测花费，室内无线被动定位朝着更加轻量级的方向发展。

上述模型都是采用 RSSI（Received Signal Strength Indicator）作为基本的测量值，然而 RSSI 是 802.11 标准支持的链路层参数，其为单一变量，对室内多径效应识别率极低，且易受室内多径效应的影响。基于 RSSI 的位置信号指纹在室内空间中可能两个不相邻的位置处具有相近无法区分的信号特征，这导致信号指纹在空间维度上不具备唯一性，其定位性能受到限制。RSSI 可以被认为是一个粗粒度的信号测量值。对于普适的、少量设备的家庭和办公环境来说，基于链路层信号特征的设备无关被动定位无法达到令人满意的定位精度。

（2）基于物理层信号特征的 WiFi 被动定位

随着 WLAN 物理层正交频分复用（Orthogonal Frequency Division Multiplexing, OFDM）技术的发展，其将一个信道分解为更精细的若干子信道，即子载波。接收机能够同时获取物理层多个频率上的信号状态信息（Channel State Information, CSI)。OFDM 技术理论上能够克服室内多径效应对子载波的影响,多频率的信道状态信息能够近似地刻画无线信道响应,具有实现细粒度无线感知的潜力。大量的学者尝试利用 WiFi 物理层信道响应来实现更细粒度的人体感知。为了获取细粒度的物理层信道响应信息,精细的仪器如 USRP(Universal Software Radio Peripheral,通用软件无线电外设)等被实验室所采用,USRP 可以使普通计算机能像高带宽的软件无线电设备一样工作,其能够模拟 WiFi 信号特征。

K. Chetty 等[59]基于 NetRAD 雷达系统实现在 2.4 GHz 的 WiFi 信道上进行穿墙人体检测,其室内目标能够通过室外多天线接收机来进行监测,通过离线分析测量数据来发现信号多普勒信息。然而该系统要求发射机和参考接收机要在室内,而且参考接收机要与室外接收机严格地时钟同步。为了克服上述问题,F. Adib 和 D. Katabi 研发了新的穿墙 WiFi 人体移动检测系统(WiVi)[60]。该系统利用 MIMO 技术来消除静态物体的反射信号,聚焦移动物体信号特征,通过将人体移动假定为一个天线阵列,跟踪信号波束估计来实现人体移动跟踪。为了能够实现更细粒度的无线人体感知,该团队研发基于 WiFi 信号的 WiTrack 系统[61]。该系统采用自研发的 FMCW(frequency modulated carrier wave)协议,其能够利用 USRP 软件无线电调制频率随时间线性变化的 WiFi 频段子载波信号。在此基础上基于发射信号与反射信号的频偏来实现 3D 人体定位以及轨迹跟踪。Q. Pu 等利用 WiFi 信号成功地实现了细粒度的手势识别系统(WiSee)[62],该系统能够对房间内人体手势进行准确识别而无须要求人体携带任何感知设备。该系统实现于 USRP-N210s,其人体手势识别率可达 94%。相比之前的工作可以发现,基于 WiFi 物理层信号特征能够仅通过一台接收机便可以实现细粒度的设备无关被动人体感知,甚至是细微的手势识别。然而上述工作或基于高端的雷达系统,或基于昂贵的 USRP 仪器,这些系统和仪器不仅价格昂贵,且操作烦琐,并非一般专业人员能够熟练使用,无法得到普适性的应用。

　　值得庆幸的是,近年普通的商业网卡已经成功实现了提取基于 OFDM 的多载波信道状态信息[21-22]( Channel State Information,CSI),国际上许多学者对此进行了广泛的研究,包括基于物理层信道响应的室内定位[63-64]、无线感知[65-67]、无线安全[68]等领域。CSI 作为一种超越 RSSI 的细粒度物理层信号特征,其对人体的感知能力更加敏感、更加精细,如果将其应用到设备无关被动定位领域将可能获得更佳的检测和定位性能。

　　J. Xiao 等在 2012 年 ICPADS 会议上第一次将 CSI 信息应用于设备无关被动人体检测问题上,提出了 FIMD 细粒度被动人体移动检测模型[69]。FIDM 利用密度聚类算法来估计滑动窗口中信道状态信息振幅值的密度大小从而判断是否有人体移动。当环境静止时窗口内信号振幅值密度较高,而动态环境下窗口内信号振幅密度较低。实验结果表明基于 CSI 的设备无关被动人体检测性能要优于基于 RSSI 的被动人体检测。2013 年 J. Xiao 等又在 ICDCS 会议上提出了基于 CSI 的被动定位系统 Pilot[27]。Pilot 系统借鉴 RASID 模型实现了轻量级基于 CSI 的被动人体移动检测,进而基于概率算法实现对异常 CSI 到指纹信息库的匹配从而估计人体可能的位置。Pilot 系统的定位精度比 Nuzzer 系统能够提高约 6% 。而当链路数量增加到 2 ~ 4 条时,其位置区分精度能够超越 90% ,远远超越了 Nuzzer 系统性能。2013 年 InfoCom 会议上 Zimu Zhou 利用 CSI 信号特征打破了传统的基于链路中心的被动人体检测模型[70],其提出的 Omni-PHD 模型,能够实现全向人体检测,并能够对人体所在的方位进行定位。Omni-PHD 采用所有子载波振幅值的直方图作为物理层信号特征 $\overrightarrow{hist}(\parallel H(f)\parallel)=[hist(\parallel H(f_1)),\cdots,hist(\parallel H(f_{30})\parallel)]$ ,每一个 $hist(\parallel H(f_i))$ 能够通过预定义的时间窗口被计算。Omni-PHD 同样采用基于指纹匹配的算法,不同于 Pilot 的概率算法,Omni-PHD 采用了 Earth Mover's Distance ( EMD)来对比两个直方图之间的相似度。大量的实验证明 Omni-PHD 能够取得高精度的检测率和方向估计。同年在 WCNC 会议上 Moustafa Youssef 团队考虑目前大部分家庭仅仅有几个 WiFi 甚至一个 WiFi 接入点,于是提出了 MonoPHY 单链路被动定位系统[26]。MonoPHY 基于细粒度的 CSI 信号特征,采用基于先验概率的算法,能够实现在 $100 \text{ m}^2$ 的面积下仅靠一组接收机和发射机进行定位,且定位精度可达到 1.36 m 的中值距离误差,比传统的基于 RSSI 的定位系统其性能提升了 48%。

由上可知,目前细粒度的物理层信道响应主要用于无线感知领域。基于信道响应的设备无关被动定位研究在国际上目前还处于萌芽阶段。尽管 CSI 在无线感知能力上超越了 RSSI 特征,但将其应用到设备无关被动定位中还存在许多问题,如 CSI 用于设备无关被动定位的有效性、稳定性、高效性等。同时,已有的设备无关被动定位研究中依然需要大量的现场勘测[71],这些现场勘测严重阻碍了设备无关被动定位的普适应用,如何减少不必要的现场勘测开销是目前亟待解决的问题。

## 6.2.4　室内设备无关被动人体定位相关评价指标

通过对国内外相关的工作的介绍和分析[72],常用的室内设备无关被动人体定位性能评价标准如下:

(1)误报率与漏报率

室内设备无关被动人体定位基础组件为人体检测。当系统检测到室内有人出现时才会开始对人体进行定位。通常采用误报率(false positive)和漏报率(false negative)来衡量一个人体检测算法的优劣。误报率是指当环境中没有人体存在时系统却谎报异常事件的概率,而漏报率是指当环境中有人体存在系统却没有及时汇报异常事件的概率。优秀的设备无关被动人体检测算法应取得尽可能低的误报率和漏报率。

(2)定位精度

这是室内设备无关被动人体定位系统最重要的评价指标。在室内设备无关被动定位系统中,定位精度一般是指用户实际位置与估计位置之间的偏差。选择不同的定位算法,其定位精度计算方法可能不完全一致。基于射频层析成像的被动定位是根据阴影衰减分布图来推断目标的位置,其定位精度是从整个图像角度来衡量用户实际位置和估计位置之间的距离或者坐标差值;基于指纹匹配的被动定位在离散空间上,其定位精度会采用用户实际指纹与估计指纹之间的准确度来衡量。

(3)定位能力

定位能力包括定位目标数量、定位区域大小、定位适用场景等。目前许多设备无关被动定位系统暂且只能够对单一目标进行定位,多目标定位尚且没有令人满意的研究成果。通过利用细粒度的信道状态信息,被动定位系统大大扩大了原有系统的定位区域大小,但在监测房间内依然有定位死角存在。许多室内设备无关被动定位系统多采用指纹匹配或者射频层析成像技术,然而受室内多径效应影响,当人体遮挡住链路时信号强度变化范围不一致,已经勘测或者设定的阈值在不同的室内场景下可能存在差异性,导致定位性能下降,室内设备无关被动人体定位系统应能够有效地克服场景差异性。

(4)定位速度

定位速度是指准确定位人体所需要的时间。对室内小面积区域,实时、快速定位用户位置是非常必要的。许多被动定位系统为了降低环境噪声对信号的影响采用滑动时间窗口机制,窗口时间长度对定位速度有一定的影响。有的定位算法虽然能够确定较高的定位精度,但实时运行时计算量较大,影响定位用户的及时性。

(5)系统开销与复杂度

系统开销包括系统硬件成本、系统人力成本和系统部署时间成本等。传统的基于射频层析成像需要大量的传感器节点而增加了系统的硬件成本和部署的人力成本;基于指纹匹配的被动定位需要大量的人力去现场勘测,在保证定位精度和资金成本的条件下,应该尽量降低人力和时间成本,选择低开销的定位模型。

## 6.2.5　从 RSSI 到 CSI 的问题

为了能够使室内设备无关被动人体定位得到普适的应用,许多学者探索实现基于 WiFi 平台的室内设备无关被动人体定位。早期的基于 WiFi 的室内设备无关被动人体定位多采用 RSSI 作为信号特征,而 RSSI 具有固有的缺陷,大量的学者探索更细粒度的信号特征,信号特征从原来的 RSSI 升级为多载波的 CSI。相比传统的基于 RSSI 的室内设备无关被动人体定位,新的设备无关被动人体定位具有以下特点:

①信号粒度大大提升:传统的 RSSI 信号特征是来自链路层的能量叠加值,其为单一变量。RSSI 值反映了接收机接收到的信号能量强度大小,仅能刻画无线信号在传播过程中的信号衰减程度,无法反映室内多径效应程度。而多载波的 CSI 是一种简化版的信道频域响应,其包含振幅频率响应和相位频率响应信息。多载波的 CSI 能够刻画小尺度信道频率衰减,其具有细粒度的频率分辨率。多载波的 CSI 相比 RSSI 来说就好比彩虹与阳光的关系,彩虹能够从不同的波长的粒度来区分色彩。

②设备数量大大锐减:室内环境下,WiFi 节点的数量相对于 RFID 和传感器要少许多。普通的家庭、商铺和办公室仅有数台甚至一台 WiFi 接入点,普适的室内基于 WiFi 的设备无关被动定位系统要能够在少量链路条件下进行大面积的人体定位。这对于仅能感知视距路径上人体遮挡效应的 RSSI 来说是一件非常困难且极难实现的事情,而对于 CSI 来说其能够刻画室内多径传播情况,具有在少量的设备条件下实现大面积的室内被动人体定位的潜力。

③感知范围大大扩展:对于人体的感知效应来说,RSSI 无法刻画多径效应,仅能够用来检测人体遮挡链路效应,而多载波的 CSI 能够检测人体对信号的遮挡、反射和散射效应,能够对非视距路径上的人体移动进行感知。CSI 大大扩展了设备无关被动定位系统的感知范围,仅靠少量设备的条件下实现室内被动人体定位,为普适的室内设备无关被动人体定位发展提供了新的机遇。

尽管从理论上,CSI 比 RSSI 信号特征具有诸多优势,然而其应用于室内设备无关被动人体定位依然存在许多尚未验证的科学问题:

①CSI 信号特征的稳定性:RSSI 是信号叠加效果,在某一个多径成分上一个轻微的信号波动将可能导致明显的增益性或者相消性的信号相位变化,从而导致在 RSSI 值上的波动性。在典型的实验室环境下,在一个静止的接收机上 1 min 内 RSSI 值的波动能够达到 5 dB[64]。那么多载波的 CSI 信号特征是否会出现相似的波动情况呢? 对于设备无关被动人体检测来说,稳定的静态信号对精确地检测出细微的动态信号很重要。

②CSI 信号特征的有效性:从理论上可得 CSI 不仅能够感知到视距路径上的人体移动变化,更能感知到非视距路径上的人体移动,这是传统 RSSI 无法实现的。尽管国际上已有一些基于 CSI 的设备无关被动人体定位工作展现了 CSI 对非视距路径上人体的感知探索,然而 CSI 对非视距路径上人体的感知能力大小如何尚有待验证。

③CSI 信号特征的高效性:CSI 可以被看成 RSSI 的升级版,国际上已有的室内设备无关被动人体定位系统仅仅是将 CSI 替换成 RSSI 进行了新的实验验证。然而 CSI 不仅是一个简单多值的 RSSI 升级版,其包含了更多的信息,能够从振幅、相位、频率等方面来反映室内多径信号变化情况。目前,尚缺少相关工作来提取更多的细粒度信息用于室内设备无关被动定位工作中。

# 6.3　本部分主要内容介绍

本部分创新性地采用 WiFi 物理层信道响应对单链路条件下室内设备无关被动人体定位相关问题展开深入研究,从室内设备无关被动人体检测到室内设备无关被动人体位置估计。本部分工作以实现轻量级、高精度的室内设备无关被动人体定位为目标,逐次展开深入的研究,通过大量的科学实验来验证多载波信道状态信息用于室内设备无关被动定位的稳定性、有效性和高效性。

如图 6.4 所示,首先,本部分第 7 章将信道响应的振幅响应应用于设备无关被动人体检测,在实现自适应被动人体检测基础上,通过大量的实验证明振幅响应应用于被动检测的有效性和高效性;其次,针对振幅响应对慢速人体移动的感知能力低的问题,第 8 章提出利用相位响应实现细粒度被动人体检测,通过大量的静态和动态实验表明相位响应信息在静态环境下的稳定性,以及对不同速度下人体移动检测的有效性和高效性。通过基于振幅响应和相位响应的新一代被动人体检测表明信道响应应用于被动检测与定位的稳定性、有效性和高效性。相比传统的单值信号强度,基于 OFDM 的信道响应具有丰富的信道状态信息,其中包括子信道多样性、差异性和相关性。第 8 章在第 7 章的基础上利用子信道多样性特性实现了高无线感知度条件下的高性能被动人体定位。第 9 章在深入考虑信道频率选择性衰减下的子信道差异性和相关性的基础上实现高精度被动人体定位。综上,本部分从信道响应的组成和特性两个方面出发对基于信道响应的设备无关被动检测与定位展开深入探讨,通过大量的科学实验证明信道响应应用于设备无关被动定位的有效性、稳定性和高效性。

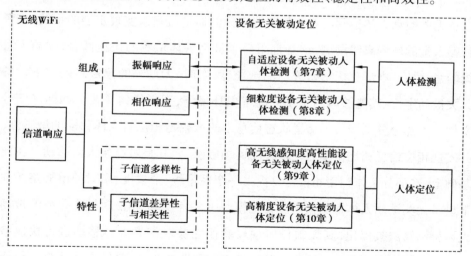

图 6.4 本部分内容框架

(1)研究基于振幅响应的自适应设备无关被动人体检测

无线设备无关被动人体检测对于大量室内基于位置服务的应用来说是一

项关键的核心技术。接收信号成分随着室内多径环境的不同而不同,基于密集劳动的现场勘测往往成为获取确定最优检测阈值必可不少的部分。巨大的人力开销阻碍了无线设备无关被动人体检测在实际室内环境下的快速部署和普适应用。本部分首次研究利用物理层信道状态信息提取一种可量化的指标来预测无线信号对人体移动的敏感度,进而研究建立一个新颖的人体移动检测阈值预测模型。本部分研究、设计并实现一个自适应设备无关被动人体检测模型,其能够自动根据部署场景的多径传播条件来预测人体检测阈值。相比之前基于现场勘测的被动人体检测工作来说,本部分工作既保证了室内细粒度人体被动检测的精度又大大降低了现场勘测开销。该工作在商业 WiFi 设备上得到了实现并进行了性能验证,其结果表明该模型能够获取令人满意的检测性能。

(2)研究基于相位响应的细粒度设备无关被动人体检测

随着 WLAN 技术的快速发展,无线设备无关被动人体检测成为一项新兴的技术,在大量普适的智能应用中具有极大的应用潜力。最近,基于物理层信道状态信息的室内细粒度设备无关被动人体检测得到了快速的发展。之前,无线设备无关被动人体检测或者依赖部署密集的通信链路来实现定制的系统,或者依赖大量的现场离线勘测,这些都阻碍了被动人体检测的快速部署,削弱了系统的稳健性。本部分探索研究新的细粒度、实时、无勘测的单链路条件下设备无关被动定位,其能够适用于不同的室内环境下,无须任何预校验和标准信号文件。本部分分别调研了信道状态信息中的振幅与相位对人体移动的敏感性,并发现相位信息相比振幅对人体移动更加敏感,尤其是对慢速人体移动。在此基础上,本部分工作利用相位信息提出一个轻量级、细粒度、实时的单链路条件下设备无关被动人体检测模型。在该模型中,一种基于相位时域变化率的被动人体检测算法被提出,其无须任何预校验便能够对细微人体移动进行快速检测。该模型在商业 Wi-Fi 设备上得到了实现和性能验证,其结果表明该工作能够取得较高的检测率和较低的误报率。

（3）研究基于无线感知度的高性能设备无关被动人体定位

设备无关被动人体定位成为一项快速发展的新兴应用。基于信道状态信息的细粒度室内设备无关被动定位近来受到了广泛的关注。尽管相比 RSSI 设备无关被动定位系统而言，基于 CSI 的设备无关被动定位其定位粒度更加精细、单链路条件下定位范围更广，然而大量的盲点异常存于可定位区域内，同时定位精度仍然没有达到令人满意的精度，尤其对第一菲涅耳区外的区域。本部分研究在不增加链路数量的前提下，如何消除定位区域内的大量盲点，提高定位精度。为此，本部分研究评价接收机对环境变化的敏感度，当接收机部署于高敏感的位置时，其感知范围更广，定位精度更高。本部分研究开发基于朴素贝叶斯理论的高精度被动定位模型，并在商业 WiFi 设备上实现并进行了性能测试。其结果表明，相比之前的基于 CSI 的被动定位来说，本部分的工作能够有效减少定位区域内的盲点，并在一定程度上提高了定位精度。

（4）研究基于信道衰减的高精度设备无关被动人体定位

室内被动定位逐渐成为许多新兴智能应用核心技术，如安全监控、智能家居、智能看护等。尽管经过了多年的研究，然而室内被动定位精度依然没有达到令人满意的程度，其原因包括无线信道测量粒度不足，如采用粗粒度的 RSSI 作为信号特征。在本部分的研究中将探索采用最新的无线信道状态信息来实现单链路下细粒度室内被动定位。为了取得较高的定位精度，本部分探索利用 CSI 指纹匹配技术，并研发两种高效的位置评估算法。不同于之前的工作，本部分的工作考虑了信道频率响应的频率选择衰减特性，利用多载波信道状态信息差异性和相关性来提高被动定位精度。对普通的商用 WiFi 设备的测试评估表明本部分提出的方案能够取得更高的精度。

# 6.4　本部分组织结构

本部分围绕室内被动定位中的人体检测与位置估计两大核心问题展开研

究,全文的组织结构如下:

第6章:介绍本部分研究的相关背景和意义,通过对国内外相关研究现状进行分析和总结,得出本部分的研究框架与内容,最后给出本部分的组织结构。

第7章:利用信道状态信息来量化接收机信号对人体移动的敏感度,提出基于振幅响应的自适应设备无关被动人体检测方法,该方法能够自动根据环境多径丰富程度来预测人体检测阈值。该方法实现在普通商业 WiFi 设备上,并进行了大量实验和分析。

第8章:针对被动人体检测中人体慢速移动和勘测耗时耗力问题,提出利用物理层相位信息实现设备无关被动不同速度下的人体检测。该章工作基于相位变异系数提出两种轻量级人体检测技术,并在常见的商业设备上进行了丰富实验和深入分析。

第9章:利用振幅信道响应实现无线感知度测量,提出一个全新的量化标准。在此基础上,通过测试接收机被摆放在不同位置处的无线感知度来选择高感知度的接收机位置,从而实现室内高性能设备无关被动定位。文中工作基于子信道多样性,结合指纹匹配技术和朴素贝叶斯定位理论实现细粒度室内无关被动定位。最后进行详细的实验测试和对比分析。

第10章:考虑无线信号频率选择性衰减特性,提出利用子载波信道状态信息相关性和差异性来进一步提高室内被动定位精度,并研发了两种新颖的室内被动定位技术。在配置有普通商用无线网卡的工控机平台上实现高精度设备无关被动定位模型,并进行了实验验证和深入的性能分析。

在总结部分总结了本部分的主要工作,指出了本部分的研究内容以及创新性,并给出了下一步的相关研究计划。

# 第7章 基于振幅响应的自适应无源感知人体检测技术

## 7.1 引　言

　　室内基于位置的服务(Location-Based Service,LBS)正快速渗透人们的普通日常生活中。其中,LBS 提供者能否及时检测出区域内是否有人体存在对于许多上下文意识的服务来说至关重要[73]。近些年来,先进的无线技术发展和无线设备的普适性部署大大增加了研究人员利用普适的无线信号以一种设备无关的方式来实现人体检测任务的兴趣[18]。原理上,无线设备无关被动人体检测可以通过提取和分析被人体遮挡的和反射的无线信号来实现对区域内移动人体的检测,同时目标用户无须携带任何相关无线设备。这种设备无关的被动人体检测模型对许多应用十分有利,如设备安全保护、灾难应急响应、隐私保护和老人看护等。

　　一个典型的设备无关被动人体检测系统通常包含一组或者多组发射机-接收机(Transmitter-Receiver,TX-RX)[69]。对于每一条 TX-RX 链路来说,其检测人体过程通常包含两步:现场勘测和在线监测。在现场勘测阶段,接收机采集监测区域内无人存在时的无线信号特征,存储并建立一个标准文件(normal profile),然后测试人员在监测区域内自由活动,接收机收集此刻动态情况下的无线信号特征,最后利用两类无线信号特征来确定人体出现检测阈值。之后,系统切换到在线监测阶段,接收机不断地采集环境无线信号并将其特征与标准文件内的信号特征进行对比。一旦计算偏差低于校验的检测阈值,系统将发出检测通知或异常警报。这种基于现场勘测校验的被动人体检测方法十分耗时耗力,严重阻碍了无线设备无关被动人体检测系统在新环境中的快速部署。并且检测阈值很容易受到室内无线信号多径传播变化的影响,导致频繁地重新勘测[53]。

为了减少现场勘测校验的开销,设备无关被动人体检测系统可以通过密集部署感知设备来提高检测精度,大量基于 WSN 和 RFID 的设备无关被动人体检测系统被相继开发[53]。然而在室内环境下,受多径效应的影响,信号特征可能会遭受增益性或者相消性干扰,即当人体遮挡住链路时,RSSI 值可能增加,也可能减少,甚至不变[41]。另外,不同的多径效应会导致不同的检测覆盖形状[74],使得检测区域设定受到很大限制。室内多径效应对基于 RSSI 的设备无关被动检测性能有着重要影响。为此,许多学者探索利用更细粒度的物理层无线信号特征来实现高性能设备无关被动感知。物理层的信道状态信息(Channel State Information,CSI)是一种细粒度信号特征[75],其能够在 OFDM 子载波粒度层面上刻画室内多径效应。CSI 信号特征能够敏感地感知室内多径信号变化情况,具有实现高精度设备无关被动人体检测的潜力[16]。然而刚研发的基于 CSI 的设备无关被动人体检测更多地依赖静态信号模型而忽视了动态环境下的室内信号多径传播效应[16]。在不同的室内环境下,多径传播路径不同,对人体移动的感知能力也不一样,尤其是对非视距路径上的人体移动,仅有通过现场勘测才能精确地区分正常和异常情况。如果既要考虑动态室内多径传播效应,又要获取最优的检测阈值,现场勘测似乎成为必不可少的环节。

本章的工作从一个普适的角度出发,既降低现场勘测开销又能充分利用室内丰富多径效应来实现高精度人体检测。本章探索评估当前环境中的多径传播条件且不损耗检测性能的前提下,根据多径传播条件来预测最优检测阈值。本章的关键是区分静态和动态情况的检测阈值是否与 TX-RX 链路无线信号对人体移动的敏感度相关。而不同链路上无线信号对人体移动的敏感度,即链路敏感度,源于不同的多径信号丰富程度。如果给定一个量化的链路敏感度,那么设备无关被动人体检测阈值将有可能在无须任何勘测校验的条件下进行预测。为了实现上述目标,本章将解决以下难题:①如何量化室内多径信号丰富程度? ②如何在普通的商业设备上实现链路敏感度测量? ③如何基于链路敏感度大小来预测设备无关被动人体检测的阈值?

为了解决上述难题,本章工作采用物理层信道状态信息作为基本信号特征,并通过调研测试的方法来提取多径信号丰富度量化指标,进而一个先进的自适应设备无关被动人体移动检测阈值决策模型被提出。为了验证本章工作的有效性和高效性,本章最后进行了大量的实验和分析,其实验结果表明本章的自适应检测阈值预测方法能够取得与现场勘测相当的检测性能。

# 7.2　无线传播理论与被动人体检测模型

## 7.2.1　室内无线传播理论

无线信号随着传播距离的增加而逐渐衰减,信号强度与传播距离之间存在一定约束关系。到达接收机的无线信号强度通常可以通过其传播距离大小计算为

$$P_r = \frac{P_t G_t G_r \lambda^2}{(4\pi d)^n} \qquad (7.1)$$

式中　$P_t$, $P_r$——发射信号和接收信号的功率;

　　　$G_r$, $G_t$——接收机和发射机的天线增益;

　　　$\lambda$——信号波长;

　　　$d$——信号传播距离;

　　　$n$——传播衰减系数。

　　基于上述信号能量衰减模型,一个普适的对数正态路径衰减(Log-normal Distance Path Loss,LDPL)被提出,其能够将信号能量映射到与发射机距离之间的关系[76]为

$$PL(d) = \overline{PL(d_0)} + 10n \lg\left(\frac{d}{d_0}\right) + X_\sigma \qquad (7.2)$$

式中　$PL(d)$——在距离 $d$ 处被测量的路径衰减;

　　　$\overline{PL(d_0)}$——在参考点 $d_0$ 处的平均路径衰减;

　　　$n$——传播衰减系数;

　　　$X_\sigma$——零均值正态随机变量,反映由震荡造成的分贝能量衰减。

　　LDPL 模型能够详细刻画无线信号由路径衰减和遮挡导致的信号能量变化情况。该模型刻画单一路径的信号传播具有很好的效果,如室外基站无线信号传播能量衰减等。然而在实际室内环境中,该模型无法详细刻画信道变化情况。

　　无线信号往往受到室内复杂结构和家具的影响而发生反射和散射,之后被接收机接收,其相当于存在多条接收路径,如图 7.1 所示。每条传播路径信号都具有不同的属性,包括时延、衰落和相位,这使得接收信号的能量发生急剧的变化,导致多径衰落。当同相相位叠加时其会产生信号幅度增强,而反相叠加则会削弱信号幅度。这样,多径信号的相位变化导致接收信号的幅度会发生不可预测的变化,产生多径衰落。在接收端对多个信号的分量叠加时会出现同相增加、异相减小的现象,即室内多径效应。受室内多径效应影响,接收信号能量在静态环境下的一段时间内的变化具有统计规律:在视距路径存在的情况下,接收信号能量服从莱斯分布;在视距路径不存在的情况下,接收信号能量退化为瑞利分布。但是当环境中存在动态移动物体时,其移动将干扰多径信号而导致信道剧烈变化,进而接收信号发生不稳定的能量衰减,给室内信号统计和分析带来巨大的困难。

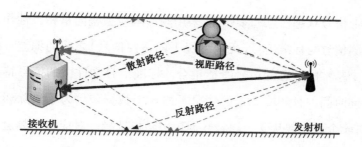

图 7.1　室内无线多径传播

对于时变的信道来说,其多径效应会随着时间变化而变化。由中心极限定理可得:大量的独立同分布的信号衰减叠加得到的总信号衰减服从高斯分布[77]。在时变性和多径传播模型的假设下,室内无线信道可以使用室内多径信号的时延、衰减和多普勒频移来描述。时变的无线信道能够表达为

$$h(\tau,t) = \sum_{i=1}^{n} a_i(t) e^{-j2\pi f_{D_i}\tau_i(t)} \delta(\tau - \tau_i(t)) \qquad (7.3)$$

式中　$h(\tau,t)$——信道在 $t$ 时刻对 $t-\tau$ 时刻发出的脉冲的响应;

　　　$a_i(t)$,$\tau_i(t)$ 和 $f_{D_i}$——第 $i$ 条路径信号衰减因子、传播延时以及多普勒频移;

　　　$n$——室内多径信号路径数量总数;

　　　$\delta(\cdot)$——狄拉克 $\delta$ 函数。

为了能够精确地测量和建立真实环境下的信道模型,通常可以使用专用的无线设备,如矢量分析仪(Vector Network Analyzer, VNA)或者软件定义无线电(Software Defined Radio, SDR)[78]等。然而这些专业设备价格昂贵、操作烦琐,无法应用于普适计算。近年来,一些学者探索从商业无线网卡上获取真实环境下的信道模型,尽管目前仅能获取简化版的无线信道响应[22],但是其能够大大提升接收机对室内无线多径效应刻画的能力,有助于实现细粒度室内环境变化感知。

## 7.2.2　基于勘测校验的被动人体检测模型

人体移动能够干扰室内多径信号,对无线信道特征产生影响。一些学者基

于多频道上信号状态信息的多样性,采用频率响应振幅向量相关性作为特征值来计算检测信号与标准信号(无人情况下的室内信号)之间的偏差。标准信号文件是一个基本的静态的信号特征集合。标准信号文件中的信号特征来源于一天的不同时间内且环境无人的情况下的 $n$ 个数据包。为了消除环境随机噪声的影响,$m$ 个数据包从 $n$ 个原始数据包中随机选择。对应的多频道上的 CSIs 能够被提取并存储为标准文件 $H_{nor}$:$H_{nor} = [H_{nor}^1, H_{nor}^2, \cdots, H_{nor}^m]$,其中每一个 $H_{nor}^k$ 代表第 $k$ 个数据包中多载波的振幅集合。

不同于 RSSI,CSI 作为一种新的细粒度信号特征能够在单链路通信条件下实现对非视距路径上的人体移动检测。如图 7.2 所示,当人体在监测区域内移动时,动态状态和静态状态的信号特征的核密度曲线之间并没有明显的间隔。一方面,人体在非视距路径上移动对信号干扰比视距路径上的移动要小许多;另一方面,环境随机噪声对静态信号的干扰导致其具有一定的随机偏差。为了确定最优的检测阈值就需要分别采集静态和动态场景下的 CSIs 特征信息。首先,采集 $N$ 个无人情况下的数据包并提取其中的 CSI 信息,其中第 $i$ 个数据的 CSI 振幅集合可以表示为 $H_{std}^i$。其次,可以计算获得其与标准文件中的 CSI 振幅的平均相关性:

$$C_{std}^i = \frac{1}{m} \sum_{k=1}^{m} \mathrm{corr}(H_{std}^i, H_{nor}^k) \tag{7.4}$$

式中    $C_{std} = \{C_{std}^i\}_{i=1}^N$——静态情况下的相关性集合。

类似地,当有一个人在监测区域内移动时,系统可以采集另外的 $N$ 个数据包,并计算其与标准文件中的 CSI 振幅的平均相关性:

$$C_{dyn}^i = \frac{1}{m} \sum_{k=1}^{m} \mathrm{corr}(H_{dyn}^i, H_{nor}^k) \tag{7.5}$$

式中    $C_{dyn} = \{C_{dyn}^i\}_{i=1}^N$——动态情况下的相关性集合。

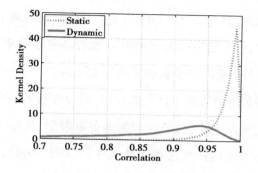

图 7.2 不同场景下振幅向量相关性核密度曲线

尽管在静态和动态的情况下信道振幅响应的相关性的概率密度分布没有十分明显的偏移,然而这两种情况可以通过预设定的偏差值来确定检测阈值。假设这两种情况下接收信号信道状态信息的相关性的累计分布函数分布为$F(C_{std})$和$F'(C_{dyn})$,如图 7.3 所示。最优的检测阈值 $C$ 则为

$$C = F'^{-1}(\beta) = F^{-1}(\alpha) \tag{7.6}$$

式中,$\alpha \in (0,1)$,$\beta \in (0,1)$ 为静态和动态情况下信号振幅响应相关性累计分布值。

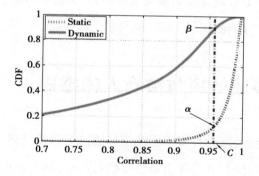

图 7.3 检测阈值确定模型

大多数情况下,仅仅需要设置 $\alpha$ 或者 $\beta$。异常检测的上限等于累计分布函数 $F'(C_{dyn})$ 的百分率,即 $C_{dyn}^{max} = F'^{-1}(\beta)$,而正常情况下的下限等于累计分布函数 $F(C_{std})$ 的百分率,即 $C_{std}^{min} = F^{-1}(\alpha)$。

被动人体移动检测的评估标准主要包括两个:①漏报率,即当监测区域内有人体移动时,系统并没有检测出来的概率;②误报率,即环境中无人出现时,

系统却谎称有人出现的概率。$F^{-1}(\alpha)$ 和 $F'^{-1}(\beta)$ 分别刻画了检测系统对漏报率和误报率的要求,较大值的 $\alpha$ 和 $\beta$ 能够导致较高的误报率和较低的漏报率。$\alpha$ 和 $\beta$ 值的选择成为平衡漏报率和误报率的关键因子。

勘测检测给系统部署带来了巨大的开销,同时在普通室内环境下勘测阈值易受环境结构变化而发生改变,导致频繁地重新勘测,从而导致了基于勘测校验的设备无关被动人体检测无法得到普适性的应用。另外,许多基于 RSSI 的设备无关被动人体检测系统尽管可以克服勘测检测带来的开销[41],但是采用易受多径效应影响的 RSSI 作为信号特征,其系统检测精度需要依赖大量的通信链路对区域进行密集覆盖从而实现被动人体检测。这种方法部署烦琐,系统花费高,不适合普适的家居环境。为了提升设备无关被动人体检测的高效性和普适性,本章采用无线物理层的信道状态信息作为信号特征,细粒度的信号特征能够在单通信链路条件下实现大面积室内设备无关被动人体移动检测。在大多数普通的家庭环境仅有一台 WiFi 接入设备的情况下,本章研究如何在单链路条件下实现轻量级设备无关被动人体检测,其能够自适应地根据室内多径传播特点来确定人体检测阈值。

# 7.3 室内多径效应与被动人体感知

正如之前讨论的,室内环境下无线信号通过多条路径到达接收机。当有人体在监测区域内移动时,其身体会对多径信号造成反射、散射效应,进而导致到达接收机的无线信号发生相位偏移,影响原有的无线信道特征,系统能够通过检测接收信号信道变化来感知人体移动。

## 7.3.1 人体对多径传播的干扰

在多径丰富的室内环境中,无线信号能够经过发射、散射和衍射到达接收机[79]，而人体移动却能够以一种复杂的方式改变信号传播路径，导致在接收机上产生不同的敏感度水平。假设反射物和散射物是均匀分布的，那么敏感区域能够被刻画为沿着 TX-RX 链路的椭圆形区域。当一个人朝着视距路径移动时，他能够产生明显的遮挡和附加的反射效应[80]。当接收机位于不同的位置时，这些多径信号能够产生增益效果或者相消效果，同时非视距路径信号的比重会随之发生改变。当非视距路径信号比重较大时，人体移动能够干扰更多非视距信号，从而导致接收信号更严重地变化。相比之下，如果存在一个较强的视距信号时，人体移动仅仅能够在接近视距路径的时候才能对接收信号产生较大的影响。人体对接收信号干扰的强烈与接收到的非视距路径信号的丰富程度有紧密的关系。

### 7.3.2　多径效应对检测阈值的影响

本小节通过测试证明不同状态下的无线信道振幅响应相关值的累计分布函数会随着不同多径传播情况不同而不同。一组接收机和发射机被如图 7.4 所示部署，一个用户在链路第一菲涅耳区[81]外来回踱步，接收机分别记录其位于 RX1 和 RX2 处时的 CSIs 值，其中 RX1 与 RX2 相距 6 cm。当接收机被部署在 RX1 位置时，人体移动对接收机接收到的信道状态信息仅仅产生轻微的干扰；当接收机被部署在 RX2 位置时，人体移动对信道状态信息能够产生明显的影响，如图 7.5 所示。由此可知，当接收机位于不同位置时，无线信道响应对同样的人体移动能够表现出不同的敏感度水平。

不同的链路敏感度同样能够影响被动人体检测中信道特征相关性的累计分布函数。如图 7.6 所示，在低敏感度下信道特征相关性的分布曲线更加狭窄，而高敏感度下信道特征相关性累计分布曲线较宽。当接收机敏感度较高时，实验中检测阈值可达 0.96，参数 $\alpha$ 值为 0.2。相比之下低敏感度的检测阈值大约为 0.94，参数 $\alpha$ 值为 0.3。因此，在一个场景下经过校验的阈值在另一个检测场景下很可能因为接收机敏感度的不同而发生改变。基于上述分析，本章试图研究利用信道状态信息来量化接收机敏感度,从而能够在不同场景下准确预测检测阈值。

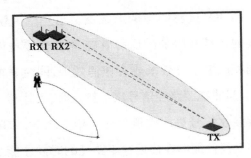

图 7.4　无线人体感知测量实验设置

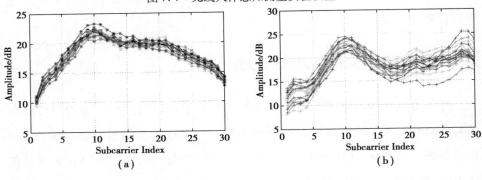

图 7.5　不同链路敏感度下 CSI 振幅波动情况

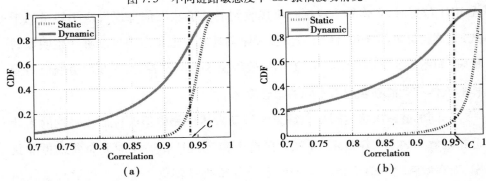

图 7.6　不同场景下互相关值累计分布

# 7.4　自适应设备无关被动人体检测模型

## 7.4.1　链路敏感度量化

在通信领域中,莱斯 $K$ 因子被定义为视距能量与非视距能量比,能够反映多径信号丰富程度[79]。理论上,如果接收信号的包络 $r$ 满足莱斯分布,那么其可以通过莱斯因子 $K$ 来刻画[82]:

$$p(r) = \frac{2(K+1)r}{\Omega} e^{\left(-K-\frac{2(K+1)r^2}{\Omega}\right)} I_0\left(2r\sqrt{\frac{K(K+1)}{\Omega}}\right) \tag{7.7}$$

式中　$I_0(\,\cdot\,)$——第一类零阶贝塞尔函数;

　　　$\Omega$——全部接收信号能量。

然而上述公式过于复杂,一个实用的莱斯因子估计方法为

$$\hat{K} = \frac{-2\hat{\mu}_2^2 + \hat{\mu}_4 - \hat{\mu}_2\sqrt{2\hat{\mu}_2^2 - \hat{\mu}_4}}{\hat{\mu}_2^2 - \hat{\mu}_4} \tag{7.8}$$

式中　$\hat{\mu}_2$——测量数据经验性的二阶矩;

　　　$\hat{\mu}_4$——测量数据经验性的四阶矩。

莱斯因子已经被许多应用所采用,如视距路径识别[83]等,而当视距路径能量较弱时,莱斯因子对多径信号变化变得不敏感[84]。为了提升在非视距场景下莱斯因子的性能,大量的学者探索利用接收相位的四阶矩作为指标来评估大量多径传播。然而,由于商业无线网卡之间缺少时间和相位同步[63],因此很难利用相位信息来实现精确的莱斯因子估计[78]。

为了实现获取轻量级指标来刻画多径传播,本章工作采集了大量的静态信道响应进行实验探索。采用信道响应主要有以下两个考虑:①来自非视距路径的接收信号能量能够被非视距路径上的反射和散射所影响;②被遮挡、反射和

散射所导致的信号衰减与信号频率相关,当穿透障碍物时,高频信号比低频信号遭受更加严重的衰减[65]。

由于 OFDM 信号的频谱相对平坦,因此可以假设发送信号在每个子载波上的能量是几乎一样的。当存在较强的视距路径时,接收到的每个子载波的能量当被规范化到同一频率时其能量大小是相当的。相比之下,当视距路径信号较弱而非视距路径信号丰富时,高频信号经过多径传播后遭受更多的衰减,更容易被检测出来。当规范化到同一频率后接收信号能量会彼此相偏离,通过使用频率选择性衰减原理,能够对多径传播进行估计,从而实现对链路敏感度量化估计。

根据上述分析,本章首先从大量离线的信道响应信息中提取每个子载波的振幅响应信息,然后每个子载波的信道响应振幅信息被规范化到中心载波频率上:

$$H_{\mathrm{norm}}(f_k) = \frac{f_k}{f_0} \cdot H(f_k) \tag{7.9}$$

式中 $H(f_k)$,$H_{\mathrm{norm}}(f_k)$——第 $k$ 个子载波原来和规范化后的振幅信息;

$f_k$——第 $k$ 个子载波的频率。

为了进一步消除测量尺度的影响并获取一个无量纲的变量,本章工作中采用规范化的信道响应振幅的变异系数作为基本特征值:

$$cv = \frac{\mathrm{std}(H_{\mathrm{norm}})}{\mathrm{mean}(H_{\mathrm{norm}})} \tag{7.10}$$

式中 $\mathrm{std}(H_{\mathrm{norm}})$——规范化信道响应振幅的标准差;

$\mathrm{mean}(H_{\mathrm{norm}})$——规范化信道响应振幅的均值。

如图 7.7 所示为不同情况下的信道响应振幅变异系数特征分布情况。从图中可知,当链路敏感度较低时,$cv$ 值较小且分布狭高;当链路敏感度高时,$cv$ 值较大且分布宽矮。$cv$ 的测量值在时间窗口内分布的曲线的峰度能够通过 $cv$ 的测量值的四阶矩来表示。本章提出以下度量指标 $K_s$ 来量化 $cv$ 分布的差异性:

$$K_s = \cfrac{\cfrac{E(x-\mu)^4}{\sigma^4}}{\mu} \tag{7.11}$$

式中   $X$——$cv$ 的测量值;

      $\mu$——时间窗口内 $cv$ 的均值;

      $\sigma$——时间窗口内 $cv$ 的标准差。

$E(x-\mu)^4/\sigma^4$ 代表 $cv$ 的测量值的四阶矩。结合图 7.7 和式(7.11)可知,分子值越大则分布越狭高,敏感度越低;分子值越小则分布越宽矮,敏感度越高。而链路敏感度大小与式(7.11)分母成正比。链路敏感度与 $K_s$ 值成反比。$K_s$ 值是一个统计学变量,其含义代表了振幅变化情况和 $cv$ 值的分布情况,其大小与环境无关,适用于不同的室内场景下的多径丰富程度的评估指标。

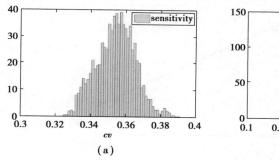 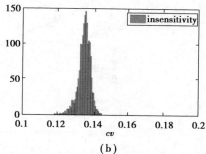

图 7.7   不同敏感度下 $cv$ 值的分布情况

## 7.4.2   检测阈值预测模型

当接收机位置发生改变时,接收信号中的多径成分也发生了变化,导致无线链路对人体移动的敏感度发生了新的变化。当接收机被部署在新的环境或者位置时,重新校验成为必可不少的环节。而勘测校验给用户带来大量的时间和劳力的开销。环境结构发生细微的变化,都有可能会导致多径信号传播路径的明显变化,导致原来的最优阈值发生新的变化。本小节探索是否可以利用当前的多径信号传播情况来预测检测阈值,消除频繁地重新校验的开销,从而提高设备无关被动人体移动检测的普适性。

上一节研发的 $K_s$ 值可以作为环境多径丰富程度的指示器。参考传统的轻量级被动人体检测技术[53],本章预基于静态状态下的信道响应特征来计算链路敏感度,然后提出一种新的检测阈值计算模型,它能够在静态信号稳态条件下根据多径丰富程度来预测新的人体检测阈值。为了构建新的阈值预测模型,本章工作收集了在不同时间、不同场景下大量的实验室数据。然后利用基于校验的被动人体检测技术来计算当时当地的被动人体移动检测阈值并同时提取不同场景下静态信号特征中的 $K_s$。如图 7.8 所示,检测阈值与 $K_s$ 分布近似呈多项式关系。本章采用线性拟合和多项式拟合技术来刻画检测阈值与 $K_s$ 的关系。从图中可知,检测阈值与 $K_s$ 更加接近线性关系,即 $C = a * K_s + b$。

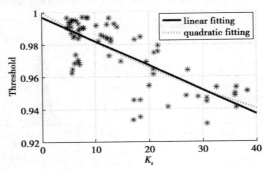

图 7.8　基于 $K_s$ 阈值预测模型

尽管 $K_s$ 因子和检测阈值近似呈线性关系,然而拟合参数 $(a,b)$ 并非一成不变。$(a,b)$ 的大小受多种设备自身因素影响,如发射能量、天线增益等。选定接收机和发射机硬件类型后,模型参数需要通过预校验测量获得。一旦参数计算完成后,同类产品的设备便可以被部署在不同场景下,检测阈值将会被自动根据当前场景下的多径状况进行计算。

值得注意的是,直觉上来说当 $K_s$ 因子越大,链路敏感度越低,接收机对人体移动应该越不敏感。看起来一个较大的阈值(信道特征相关性)应该能够区分有人与无人情况。但是从实际模型来看,$K_s$ 因子与检测阈值之间实际上呈现单调递减关系,即 $K_s$ 值越大,而检测阈值则偏小。其主要原因如下:

①由于复杂的室内环境,多径信号主要以分簇形式到达接收机[85]。当人体移动干扰到能量较强多径信号时其信号变化明显,而人体移动仅仅干扰较弱的多径信号时,信号变化不够明显。接收到的信道响应特征的互相关性的值域呈离散分布而非均匀分布。

②当链路敏感度较低时,接收机无法检测到距离视距路径较远的人体移动。当人体走动到距离视距路径非常近的位置时,会明显干扰到无线信号,信号特征的相关值会经历一个剧烈的陡变。这主要是低敏感度情况下视距路径能量较强,仅仅当人体靠近视距路径时才能改变大量的多径信号能量导致接收信号发生改变。一个较小的检测阈值便足够区分是否有人体出现。

③当接收机敏感度较高时,接收机能够检测到距离视距路径较远的人体移动。这种情况下视距路径能量在整个接收信号能量中比重较低。人体移动对接收信号的改变主要来自非视距路径信号。距离较远的人体移动可以改变少量的多径信号,为了能够准确区分是否有人体移动,检测阈值的设定相对要大一点。

值得注意地是,在本章工作中所述的敏感度是指系统能够检测人体在非视距路上移动的能力。当人体沿着视距路径移动时,其对信号的影响主要来自遮挡效果,如何评估人体对信号的遮挡效应强弱是本章的未来工作之一。

## 7.5　实验及性能分析

### 7.5.1　实验平台与数据采集

(1)实验平台

实验被构建在两个建筑物中,一共包括三类典型的室内场景。如同普通家庭环境,每一个测试房间中存在许多桌子、椅子和其他家具。为了消除房间结构对测试结果的影响,接收机和发射机在每个场景下分别被部署在两个对称位

置,如图7.9所示。每个场景具体信息如下:

场景1:一个长宽12.4 m×7.2 m 的教室(Classroom),教室中摆放着大量的书桌和椅子。接收机和发射机摆放相距10 m 远,距离地面高度1.5 m。

场景2:一个长宽7.2 m×6.4 m 的办公室(Office room),房间中存在立体办公桌、椅子和一些其他塑料与金属家具。接收机与发射机摆放相距7 m 远,距离地面高度为1.2 m。

场景3:一个长宽5.6 m×4.2 m 的会议室(Meeting room),房间中摆放着一张长方形的桌子和许多椅子。接收机与发射机摆放相距5 m 远,距离地面高度为1.1 m。

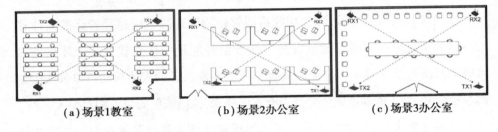

(a)场景1教室　　　　　(b)场景2办公室　　　　　(c)场景3办公室

图7.9　实验场景

发射机(TX)为腾达W3000R 型号的无线路由器,支持802.11n,能发射2.4 GHz的 Wi-Fi 信号。一台配置有 Intel5300 无线网卡的联想 X200 笔记本电脑被作为接收机(RX),笔记本电脑上配置有两根内置天线,安装 Ubuntu 10.04LTS 服务器版本系统。一款更新的固件被安装在系统中,更新的固件能够提取信道频率响应数据提交到用户态系统中。

(2)数据采集

在每个场景中,发射机被固定后,通过调整接收机的位置并利用 VisualCSI实时工具观察 CSI 振幅衰减情况来找到高敏感度和低敏感度位置。对每个接收机和发射机链路设置后,3 个高敏感度位置和3 个低敏感度位置被选择,接收机与发射机之间存在较强的视距路径。然后人为挡住视距路径,利用同样的方法选择3 个高敏感度位置和3 个低敏感度位置。在实验中,对每个链路组一共被采用的位置为 12 个。当选定了一个接收机摆放的位置后,接收机便通过 Linux CSI Tool 工具[22]采集 CSI 信息。接收机被配置以 20 Hz 的频率发送 ICMP 数据包,每个接收机位置处一共采集大约 5 000 个无人情况下的数据包来建立标准文件。其中 2 400 个数据包用作正常情况下的测试集。为了采集人员移动情况下的测试集,志愿者在房间中随机走动 2 min。每一个接收机位置被固定后,实验中一共采用了 3 个志愿者,采集 3 组测试数据。

## 7.5.2　自适应被动人体检测性能评估

阈值评估结果直接决定了被动人体检测性能,为了客观评估本章提出的阈值预测模型的性能,两种著名的设备无关被动人体检测模型（RASID[53],FIMD[69]）被实现以作为本章实验的对比实验。大量的离线训练数据被采集用来计算最优的检测阈值,然后无人情况下的实验数据用来计算 $K_s$ 因子并预测检测阈值。为了对比被预测阈值的精度,本章工作使用最优阈值与预测阈值在 3 个场景下进行对比,实验结果如图 7.10 所示。从图中可知,由于 RSSI 特征自身的缺陷和室内多径信号的干扰,RASID-like 在整个监测区域内表现出较弱的检测性能。相比之下,FIMD 能够超越 RASID-like,但是 FIMD 需要采集大量的数据包,并在每个场景下进行参数校验,对于轻量级人体检测来说是一个巨大的挑战。本章研发的自适应检测阈值预测模型能够取得 3.72% 的漏报率（False Negative, FN）以及 3.61% 的误报率（False Positive, FP）,人体检测性能损失较少。本章研发的自适应被动人体检测能够消除大量现场勘测和校验的开销,并能够达到接近最优阈值对应的检测性能。

## 7.5.3　相关被动人体检测模型定性对比

在前文中将本章工作与其他两个著名的被动人体检测模型进行了定量的对比,并展现了本章工作的高效性。为了进一步证明本章工作的优点,本小节

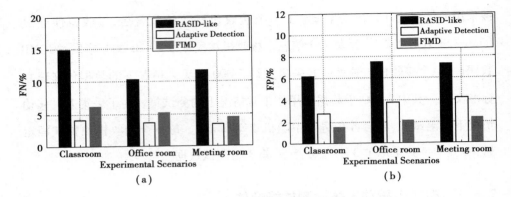

图 7.10　不同实验场景下人体移动检测的整体性能

将定性地从 4 个方面进行对比(表 7.1):①从信号特征粒度来讲,本章的工作与 FIMD 都采用了细粒度的 CSI 作为基本信号特征,相比 RASID 所采用的 RSSI, CSI 能够有效地刻画多径传播效应且对非视距路径上人体移动感知更加敏感。②从开销上来说,本章的工作与 RASID 系统都仅仅依赖一个标准信号文件,可谓是轻量级被动人体检测,而 FIMD 需要采集大量的信号数据并进行现场参数校正,系统开销较大。③从检测范围来说,本章的工作和 FIMD 能够在一个较大的范围对人体进行检测,感知区域半径能够达到 2 ~ 3 m,而 RASID 在单链路情况下的感知半径小于 1 m。如果接收机被部署在高敏感度位置处,其检测半径能够被进一步提升。④从性能来看,本章的工作和 FIMD 采用了细粒度的、稳定的 CSI 作为信号特征,能够有效地降低误报率和漏报率。其中,漏报率能够下降 5% 以下,而基于 RSSI 的漏报率高达 5% 以上。

表 7.1　不同的设备无关被动人体检测模型定性对比

| 模型 | 特征粒度 | 开销 | 感知范围 | 检测性能 |
|---|---|---|---|---|
| RASID | 粗粒度 | 较小 | 狭窄 | 高漏报率,低误报率 |
| FIMD | 细粒度 | 较大 | 宽大 | 中等漏报率,低误报率 |
| 自适应检测 | 细粒度 | 较小 | 宽大 | 低漏报率,中等误报率 |

### 7.5.4　视距/非视距条件下被动人体检测性能

室外大量的设备无关被动人体检测系统被部署时都存在一条强势的视距路径,但是在复杂的室内环境下视距路径往往可能被家居或者杂物遮挡。本小节将评估本章提出的自适应被动人体检测模型在不同视距条件下的检测性能。如图 7.11 所示,当接收机和发射机之间有明显的强视距路径时,漏报率约为 4.15% ,而当强视距路径能量被削弱后,漏报率降低到 3.23% 。而对于误报率来说,当存在强视距路径时比不存在强视距路径的情况要低 1.3% 。这是因为当接收机位置处存在一个强的视距路径时,人体仅仅在靠近视距路径时才能够被明显检测出来,标准文件中信号特征更加稳定,有助于减少误报率。而当视距路径能量遭受严重衰减后,多径信号能量占据了接收信号的大部分。当非视距路径上发生轻微的异动时很容易影响接收信号特征,误报率相应较高。

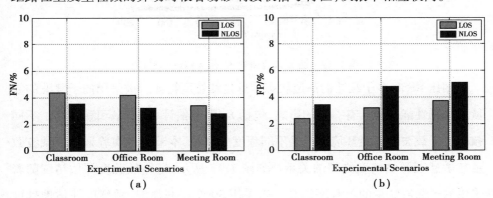

图 7.11　视距/非视距条件下的被动人体检测性能

尽管本章的工作已经将感知区域扩展到了非视距较远距离,然而具体的感知大小和形状还无法具体确定。其主要原因在于感知区域大多高度依赖复杂的环境因素,如房屋结构、家具摆放等。对较大的房间最好采用多条链路进行检测。在未来的工作中,$K_s$ 因子的有效性将被进一步研究以用于优化接收机和发射机在房间中的部署,使系统能够在更大的空间进行更加精确的人体检测。

### 7.5.5　增强被动人体检测性能的因素评估

　　由于 $K_s$ 因子计算使用高阶统计变量,因此数据数量能够影响 $K_s$ 因子估算精度。本小节中针对在视距/非视距条件下对不同数据量下的 $K_s$ 估算精度进行评估。如图 7.12 所示,当采样时间低于 20 s 时会导致一个不稳定的敏感度评估结果,而当采样时间超过 40 s 时,评估值较稳定。建议采用 20 Hz 的采用频率,50 s 的采样时间作为在精度和能量耗费的平衡点。

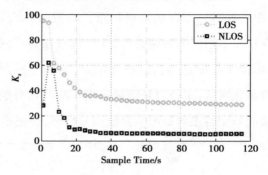

图 7.12　数据包数量对 $K_s$ 估计精度的影响

　　相比 RSSI,多子载波的信道状态信息是细粒度特征。被采用的子载波的数量对检测性能同样具有一定的影响,包括 $K_s$ 因子估计、误报率和漏报率。不同频率的子载波在多径环境下遭受不同程度的衰减,本节通过实验证明子载波数量与敏感度评估精度之间的关系。如图 7.13 所示,链路敏感度评估精度随着采用的子载波数量的上升而提高。当采用 30 个子载波时,敏感度评估准确度能够达到 90%。这主要是因为子载波越多越能近似刻画信道频域响应,能够更加准确地反映室内多径传播的特点。

### 7.5.6　链路敏感度的其他作用

　　$K_s$ 因子作为接收信号链路的敏感度指标不仅能够应用到被动人体检测,而且能够应用到室内主动定位领域。

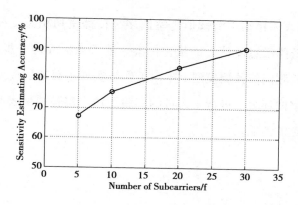

图 7.13　子载波数量对于敏感度评估影响

　　室内被动人体检测主要基于人体遮挡或反射效应。对基于多链路的被动人体检测则是基于人体遮挡效应,当有人体遮挡或者靠近视距路径时,系统便发出警报。感知设备应该被部署在低链路敏感度位置处,这样可以有效地消除非视距较远处反射信号对接收信号的干扰。相比之下,对于单链路被动人体检测系统来说,其主要依赖人体移动产生的反射信号。感知设备应该被部署在高链路敏感度位置处以求能够敏感地检测非视距路径上轻微的信号变化。

　　对于基于指纹匹配的室内定位系统来说,移动设备采集指纹的位置最好选择在链路敏感较低的位置,这样周围环境的噪声和其他人员的移动对接收信号的影响最小,定位的偏差能够被有效地降低。

　　总之,在室内环境下多径效应对无线传播是不可避免的,其或益或害。如果能够充分利用 $K_s$ 因子评估链路敏感度,进而能够根据系统需求因地制宜地调整接收机位置,从而提高定位精度。

# 7.6　本章小结

　　本章工作从普通的商业网卡上提取信道状态信息来构建自适应设备无关被动人体移动检测阈值预测模型,该模型能够大大削减传统设备无关被动人体检测勘测校验的开销。本章工作通过观察链路敏感度与人体移动之间的相关关系,进而得出人体移动检测阈值与室内多径传播密切相关。在此基础上,研发一个全新的链路敏感度估计的量化标准。基于该标准进一步实现了自适应被动人体移动检测阈值预测模型。本章工作被实现于普通的商业无线网卡上,并在多处普通室内环境下进行了大量的实验评估。实验结果表明,本章工作能够取得令人满意的性能。

# 第8章 基于相位响应的细粒度无源感知人体检测技术

## 8.1 引 言

设备无关被动人体检测是一项新兴技术,其能够检测不携带任何电子设备的人员是否存在于监测区域内。被动人体检测越来越受到欢迎[86],其在许多安全和防护应用中具有巨大的应用潜力,尤其是那些不适合甚至不可能要求移动人员携带通信设备的情况。而随着当今无线局域网(WLAN)技术的快速发展,大量的 WiFi 设备被部署在普通家居和办公室中,城市各个角落充斥着大量的无线电信号,这为普适的被动人体检测提供了新的机会。

传统的室内无线设备无关被动人体检测大部分采用来自系统链路层且易于采集的无线信号强度指示(Received Signal Strength Indicator, RSSI)。然而 RSSI 具有粗粒度、低分辨率的特征。在室内环境下受室内多径效应影响,无线信号遭受相增或相消性干扰,这导致接收机采集的 RSSI 值十分不稳定[87]。当一个人员遮挡住接收机与发射机链路时,接收机采集到的 RSSI 可能增加,也可能减少,甚至可能不变。近年来,大量的学者探索利用 WLAN 物理层信息来实现细粒度的室内被动人体检测[69]。对多载波的信道状态信息能够近似刻画多径传播,并且对直射、反射和散射信号的变化十分敏感。比较 RSSI 而言,多载波信道状态信息能够有效地增强被动人体移动检测的检测范围和精度。

　　然而,已有的基于信道状态信息的设备无关被动人体检测系统或是依赖密集部署的通信链路,或是需要大量的离线训练。这导致系统在快速部署方面依然存在严重不足,或当环境自身发生变化时检测系统适应性较弱。前者需要专业的、复杂的部署以及后期维护[35],对于普通的室内环境来说是不实用的。而后者则多采用聚类[69]、预校验或者依赖静态模型实现,这些技术都需要花费大量的时间和人力。为此轻量级设备无关被动人体检测被研发,其仅仅依赖一个标准文件,通过对比检测信号与标准信号的偏差值来判断是否有人体出现。然而标准文件要求环境结构保持稳定,一旦环境结构发生变化,如桌椅移动等则需要重新校验,这对于普通的家庭和办公室环境来说是一个巨大的挑战。上述问题严重阻碍了实时设备无关被动人体移动检测在普适室内环境下的发展。

　　基于上述动机,本章试图解决如何利用物理层信道响应信息来实现一个室内细粒度实时无校验被动人体检测,其能够被快速部署,不依赖环境结构,且无须任何校验或者预校验。同时,常见的办公室和家居室内场景多是狭窄空间,且 WiFi 数量较少,甚至仅仅一个 WiFi 接入点,本章工作探索研究单链路通信条件下轻量级实时无校验设备无关被动人体移动检测(Fine-grained Real-time device-free Passive Human Detection, FRID)。

　　要实现上述目标,首先需要解决如何在无任何校验和静态信号的情况下实现实时被动人体检测。直觉上,检测方法只能依赖实时数据流,并通过检测相邻数据包的偏差值来进行异常检测。本章首先进行了大量的实验调研,通过实验发现传统的振幅信息对人体移动并不足够敏感,尤其是对慢速人体移动。随着人体距离视距路径越来越远,振幅感知能力逐渐下降。需要进一步探索从相邻数据包中提取其他更加敏感的信号特征来进行人体检测。除了振幅信息外,相位信息在理论上对人体移动更加敏感,特别是对慢速移动的人体。然而在普通的商业 WiFi 设备上缺少精确的相位测量和时间同步,导致原始相位表现十分随机。本章工作中利用线性转换技术将原始随机相位转为稳定可用相位信息,通过大量实验来证明新的相位信息对人体移动能够更加有效地进行感知。

本章工作基于有效的相位信息提出了信号变化率概念,并研发了两种新的检测技术:短期平均变化率和长期平均变化率。当环境状态是稳定的时候,相邻时间窗口内的数据是近似的,信号变化率为稳定的标准值(值为 1);当环境中存在移动的人体时,信号变化率将偏离标准值。实验评估表明这两种新方法能够有效地、准确地检测环境人体移动。

# 8.2　无线信道响应理论

## 8.2.1　室内信道响应内容

在典型的室内环境下,无线信号通过多条路径到达接收机。每一个多径信号都会产生相应的时间延时、振幅衰减和相位偏移。为了能够完全刻画每一条传播路径,无线信道能够被刻画为一个线性滤波器,即信道冲击响应。在时间不变的条件下,对接收到的带宽信号的信道冲击响应(Channel Impulse Response,CIR)可以表达为

$$h(\tau) = \sum_{i=1}^{N} a_i e^{-j\theta_i}\delta(\tau - \tau_i) + n(\tau) \tag{8.1}$$

式中　$a_i$,$\theta_i$ 和$\tau_i$——第 $i$ 个多径信号的振幅、相位和时延;

$N$——所有多径信号的数量总和;

$n(\tau)$——复杂的高斯零均噪声。

每一个冲击函数都代表着一个多径信号,其包含信号的振幅和相位信息。假如所有接收机是一致同步到视距路径,即$\tau_{los}=0$。那么,接收到的信号信道冲击响应可以被重新表达为

$$h(\tau) = a_{los}\delta(\tau) + \sum_{i=1}^{N-1} a_{nlos,i} e^{-j\theta_i}\delta(\tau - \tau_i) + n(\tau) \tag{8.2}$$

式中:$\theta_i = 2\pi f\tau_i = 2\pi f\Delta d/c$;

$f,\Delta d$ 和 $c$——信号频率、额外的非视距传播距离和光速。

同时,在频率域,室内信道响应能够被刻画为信道频率响应。与信道冲击响应相对应的信道频率响应(Channel Frequency Response,CFR)能够被表达为

$$H(f) = \sum_{i=1}^{N} a_i e^{-j2\pi f\tau_i} + n \qquad (8.3)$$

式中:$a_i,\tau_i$——第 $i$ 个多径信号的振幅、时延。

对被给定的信号带宽,CIR 与 CFR 是等效的,CFR 可以通过傅里叶变换转化为 CIR。CFR 和 CIR 都可以用来刻画室内多径效应,能够被用来进行信道测量。信道响应相比接收机信号强度就好比彩虹与阳光一样,信道响应能够将不同波段的信号分离出来。信道响应拥有更细粒度的频率分辨率,并且能够从更高时间分辨率的水平上来区分不同的多径信号。

## 8.2.2 获取信道响应的方法

对于时域信号来说,接收信号 $r(\tau)$ 是发射信号 $t(\tau)$ 与信道冲击响应 $h(\tau)$ 的时域卷积:

$$r(\tau) = t(\tau) \otimes h(\tau) \qquad (8.4)$$

相应地,接收信号频谱 $R(f)$ 是发射信号频谱 $T(f)$ 和信道频率响应 $H(f)$ 在频率域上的乘积:

$$R(f) = T(f) \times H(f) \qquad (8.5)$$

正如式(8.4)和式(8.5)所示,CIR 能够从接收信号和发射信号的去卷积过程来获取,而 CFR 则为接收信号与发射信号的比率。卷积的计算十分复杂,通常求 CIR 的方法是将时域卷积转换为频率的乘积,CIR 能够近似表达[88]为

$$h(\tau) = \frac{1}{P_t}\zeta^{-1}\{T^*(f)R(f)\} \qquad (8.6)$$

式中:$\zeta^{-1}$——逆傅里叶变换;

$R(f)$——接收信号 $r(\tau)$ 的傅里叶变换后的频谱结果;

$T^*(f)$——发射信号 $t(\tau)$ 的傅里叶变换的复共轭；

$P_t$——发射信号能量。

为了获取无线信道响应,可以利用矢量网络分析仪或者软件定义无线电。另外,尽管 CIR/CFR 的偏差与调制无关,但其有可能在商业网卡上通过实际的调制方法来获取信道响应。例如,如果 OFDM 技术被采用,如 IEEE 802.11a/g/n,那么每个子载波的振幅和相位将能够提供一个简化版的信号频谱模型,接收机将有能力计算 CIR/CFR。同时,傅里叶变换和逆傅里叶变换在 OFDM 接收机上是可使用的。近几年,许多商业网卡上纷纷实现信道响应提取技术,其提取工具能够获取每个子载波的复数模型中的实部与虚部,进而能够提取每个子载波的振幅和角度值,一个简化版的信道频率响应能够被采用。

## 8.2.3 基于信道响应的被动人体移动感知

根据式(8.2)可得,接收信号能够被子载波的相位变化所影响,而信号相位与载波信号的频率和距离变量 $\Delta d$ 密切相关。对于固定的 WiFi 信道来说,其载波频率是固定的,那么载波的相位仅仅受其传播距离影响。

考虑最简单的场景,在视距路径外仅有一个反射的非视距信号,如图 8.1 所示。假定子载波频率固定,另外假设传播媒介是常数,那么多径信号的振幅也是固定的,相位则与距离变量 $\Delta d(d_t - d_0)$ 呈线性相关性。当人体不停地走动时,反射信号的相位的变化是连续的,这同样导致了接收信号的连续变化。人体移动导致的相位变化能够表示为 $\Delta\theta = 2\pi f(d_{t+1} - d_t)/c$。每当人体移动导致的多径路径长度变化为一个波长时,接收信号在载波上相位将偏移 $2\pi$。由此可知,相位偏移对人体的移动会十分明显与敏感,尤其是对于慢速移动的人体来说,轻微的位置变化都将导致明显的相位偏移。而反射信号的振幅经受人体表面的反射而发生衰减,其衰减程度与介质、传播距离改变相关。根据式(8.2),振幅能量衰减程度与移动距离变化呈对数关系。人体移动较短的距离时,其振幅能量衰减较少。

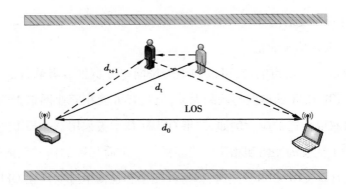

图 8.1　单反射信号场景

　　传统的链路层信号特征 RSSI 仅仅是一个单值变量,代表着接收信号的能量大小,无法描述更加细粒度的信道特征。为了获取更加细粒度的无线传播信道信息,本章采用物理层信道频率响应作为基本的信号特征。采用 IEEE 802.11n 协议的无线 WiFi 信号来说,其信道频率响应包含多个载波频段,每个载波上的信道状态信息包含两个基本变量:振幅和相位。如今,信道频率响应能够从普通的商业网卡中获取,以多组载波的信道状态信息的形式上传到用户态,方便用户提取更加细粒度的信号特征。本章探索利用信道振幅响应和信道相位响应来实现细粒度设备无关被动人体检测。

# 8.3　细粒度被动人体检测实验探索

　　为了探索实现实时、校验和标准信号文件的轻量级设备无关被动人体检测,本节在复杂的室内环境下构建了大量的实验,通过实验观察进一步发掘信号响应变化与人体移动之间的关系。

## 8.3.1　实验场景与设置

　　本节实验在一个 12.4 m × 7.2 m 的教室内进行,教室中摆放着大量的桌椅。实验中采用腾达 W3000R 无线路由器作为信号发射机,其遵循 IEEE 802.11n

协议,工作在 2.4 GHz 频段。接收机采用一台笔记本电脑,其配置有 Intel 5300
无线网卡,安装 Ubuntu 10.04LTS 操作系统。接收机与发射机分别摆放在相距
5 m,距离地面 1.2 m 的位置处。在实验过程中,接收机以 20 Hz 的频率向发射
机发送 ICMP 报文以通过 CSI Tool 来获取信道状态信息。实验过程分为两个阶
段:静态阶段与动态阶段。在静态阶段时,没有人在教室中,接收机在 150 s 内
一共采集 3 000 个数据包。在动态阶段,一个志愿者来回慢慢穿越接收机与发
射机视距路径 10 次,接收机在 150 s 内持续采集 3 000 个数据包。

## 8.3.2　利用信道振幅响应感知人体移动

为了观测人体移动对信道响应的影响,本小节调研人体移动对信道振幅响
应的影响。首先,中心频率载波的振幅信息从动态数据包中提取,其变化情况
如图 8.2 所示。从图中可以观察到人体移动对信道振幅响应具有明显的干扰。
为了消除校验和建立标准文件的开销,本节探索利用实时数据流中相邻数据包
的振幅差(式 8.7)来实现设备无关被动人体检测。

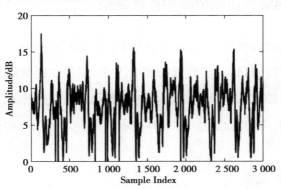

图 8.2　动态场景下中心频率子载波振幅的变化情况

在动态场景下的所有相邻数据包的振幅差值如图 8.3 所示。令人意外的
是,仅仅十几条明显的差值曲线能被观察到,大部分差值曲线都十分靠近零线
附近,这与图 8.2 所示的极其不同。通过这个实验观察可以发现,实时数据流
中相邻数据包的振幅差值并非足够明显地感知人体移动。如何从实时数据流

中提取具有高敏感度的特征成为新的挑战。

$$D_{i,j} = \| H_{i+1,j} \| - \| H_{i,j} \| \qquad (8.7)$$

式中:$H$——信道频率响应信息;

　　$i$——实时数据流中数据包的标号;

　　$j$——$j \in [1,30]$,子载波的标号。

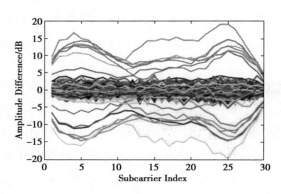

图 8.3　动态场景下相邻数据包的振幅差

### 8.3.3　利用信道相位响应感知人体移动

基于上述实验观察与分析,在本小节中相位信息被探索用于实时被动人体检测。由于缺少时间同步,在普通的商业 WiFi 设备中提取的相位信息是随机的、无法使用的,如图 8.4 所示。幸运的是,利用线性变换技术[89]可以从随机相位中获取稳定的、可用的相位。本章将探索新的信道相位响应信息对人体移动的感知能力。

（1）相位特征提取

第 $k$ 个子载波所测量的频域信道响应的相位 $\hat{\phi}$ 可以表示为

$$\hat{\phi} = \phi_k + 2\pi \frac{k}{N}\tau_\varepsilon + \lambda + n \qquad (8.8)$$

式中:$\phi_k$——第 $k$ 个在子载波的真实相位;

　　$N$——傅里叶调制器的采样数(在 IEEE 802.11a/g/n 协议中为 64);

$\tau_{\varepsilon}$——信号传播过程中时钟偏移导致的时钟同步误差；

$\lambda$——一个未知的固定相位误差；

$n$——一些测量噪声。

由于无法精确地测量和校正接收机与发射机之间的同步误差，因此无法在普通的商业 WiFi 网卡上获取准确真实的相位信息。其测量的原始相位信息表现十分随机，不可预测，如图 8.4 所示。

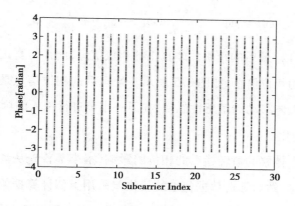

图 8.4　随机相位

为了获取真实的信道频域响应的相位信息，一个线性转换技术被采用来消除随机误差$(\tau_{\varepsilon}, \lambda)$[63]。正如式(8.8)所示，测量的相位误差$2\pi k \tau_{\varepsilon}/N + \lambda$与子载波标号呈线性相关性，一个新的线性相位的斜率和截距能够表示为[89]

$$a = \frac{\tilde{\phi}_{k_m} - \tilde{\phi}_{k_1}}{k_m - k_1} \tag{8.9}$$

$$b = \frac{1}{m}\sum_{i=1}^{m} \tilde{\phi}_{k_i} \tag{8.10}$$

式中：$m$——子载波的数量。

由于斜率$a$和截距$b$分别包含了相位真实的斜率与截距，因此当测量相位消除了被估计的线性误差$(ak_i + b)$，被处理后的相位可计算得

$$\hat{\phi}_{k_i} = \tilde{\phi}_{k_i} - (ak_i + b)$$

$$= \phi_{k_i} - \frac{k_i}{k_i - k_1}(\phi_{k_n} - \phi_{k_1}) - \frac{1}{m}\sum_{j=1}^{m}\phi_{k_j} - \frac{2\pi\tau_\varepsilon}{mN}\sum_{j=1}^{m}k_j \qquad (8.11)$$

假设子载波标号是对称的,即 $\sum_{j=1}^{m}k_j = 0$,那么误差 $\tau_\varepsilon$ 可进一步移除。最后,被处理的相位可表示为

$$\hat{\phi}_{k_i} = \phi_{k_i} - \frac{k_i}{k_i - k_1}(\phi_{k_n} - \phi_{k_1}) - \frac{1}{m}\sum_{j=1}^{m}\phi_{k_j} \qquad (8.12)$$

虽然式(8.12)最后的结果并非真正的相位信息,而是与真正相位呈线性关系的一个可用的相位信息,如图8.5所示。处理后的相位信息是否在静态环境下稳定以及对人体移动的敏感性如何,在下一小节进行深入的调研。

(2)相位变化

为了调研人体移动对转换后的相位的影响,本小节首先从动态数据中提取可用的相位信息,然后邻近数据包中的相位差采用类似计算振幅差的方法进行计算。所有动态数据中的相位差如图8.5所示。对比图8.5与图8.3可知,邻近数据包中的相位差比振幅差对人体移动更加敏感。临近数据包之间的时间间隔较短,此时人体移动的距离很短。轻微的短距离移动带来的多径信号能量变化较小,多径信号振幅变化对于接收的总能量来说较不明显,而相位信息对短距离的变化幅度较大,能够较明显地观察到。

众所周知,在静态环境下的信号能够被环境噪声和周围电磁场所干扰。信号的轻微抖动对异常检测是可以接受的。然而,在静态环境下,一个不稳定的特征将会导致较高的误报率,这并不适用于实时检测。为了调研相位差特征在静态环境下的稳定性,静态数据中的30个子载波的相位差被计算,如图8.6所示。从图中可知,几乎所有的子载波的相位差值都十分靠近零线,表明提取后的新相位在静态环境下具有一定的稳定性。

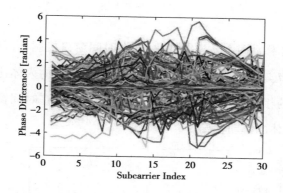

图 8.5　动态状态下邻近数据包的相位差

通过以上实验调研可知,在实时数据流中的邻近数据包中的相位差不仅在静态环境下较稳定,而且在动态环境下能够更加敏感地感知人体移动。本章充分利用相位差的优势来实现实时设备无关被动人体移动检测。

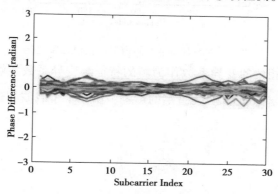

图 8.6　静态状态下稳定的相位差信息

## 8.4　基于相位响应感知的特征提取

一个合适的特征对于设备无关被动人体检测来说至关重要。从上述实验观察中可知相邻数据包之间的相位差能够十分敏感地感知人体移动,但是其不够健壮,其值受环境噪声影响波动性较大。为了消除环境噪声,提高系统的健壮性,本章工作采用滑动时间窗口机制,人体移动能够通过相邻时间窗口中的相位差进行检测。

另外,当人体移动时,$\Delta d$ 连续变化,而在时间窗口机制下,动态环境下的人体移动导致的 $\Delta d$ 是离散的、波动的。而对于高速移动的人体比低速移动的人体来说,其导致的相位变化更加剧烈。如图 8.7 所示,在时间窗口中的相位方法也能够反映人体的移动状况。

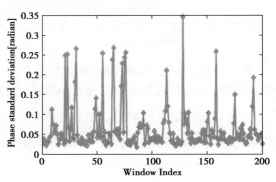

图 8.7　动态状态下时间窗口内相位方差变化

本章将采用相位的变异系数作为新的特征。变异系数能够反映在时间窗口中相位的均值与标准差,且无量纲的影响。第 $k$ 个子载波相位的变异系数可以定义为

$$\delta_{c.v}^{k} = \frac{\sigma_{\Delta T}^{k}}{\mu_{\Delta T}^{k}} \tag{8.13}$$

式中：$\Delta T$——采用时间窗口；

　　$\sigma_{\Delta T}^{k}$——第 $k$ 个子载波在时间窗口中的标准差；

　　$\mu_{\Delta T}^{k}$——第 $k$ 个子载波在时间窗口中的均值。

相位的变异系数不仅能够刻画相位时域上的离散性,而且能够消除时间窗口中不同的测量尺度差异性,如图 8.8 所示。同时,线性变换消除了信道频域响应的随机噪声,新的相位信息更加稳定。如图 8.8 所示,在时间窗口中相位的变异系数能够更加明显地区分静态环境与动态环境。之后,本章将基于相位的变异系数研发实时设备无关被动人体移动检测技术。

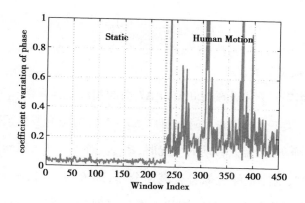

图 8.8　静态/动态环境下相位变异系数

## 8.5　实时细粒度人体移动检测模型

基于校验方法如现场勘测、预校验、构建标准文件等的被动人体检测性能能够被环境自身变化和家具位置所影响。基于校验的被动人体检测无法适应复杂多变的室内环境。为此,本节研究基于相位且无须任何校验的被动人体检测技术。

本节工作将充分利用 WiFi 信号中相位变异系数对人体移动的敏感性来实现人体移动检测。假设 $\delta_{\Delta T}^{i,j}$ 为第 $j$ 个收发机组的第 $i$ 个子载波在时间窗口 $\Delta T$ 内的相位变异系数。为了检测时域上相位变异系数的变化,本节工作将从短时间窗口 $\Delta T$ 和长时间窗口 $\Delta LT$ 进行分析,提出两种技术方案:短时平均变化率(short-term averaged variance ratio,SVR)与长时平均变化率(long-term averaged variance ratio,LVR)。通过这两个变量可以从不同的时间宽度上对 WiFi 信号进行统计分析。短时平均变化率能够反映当前状态,有助于检测突发异常情况。长时平均变化率代表一个稳定的状态,可以避免系统进行重新校验。时间变化率是一个相对指标,不受环境条件改变的影响。

相位变异系数短时平均变化率定义为

$$R_{SVR} = \frac{1}{n} \sum_{i=1}^{n} \left| \frac{\delta_{\Delta T}^{i}}{\delta_{\Delta T-1}^{i}} \right| \tag{8.14}$$

式中:$n$——子载波个数;

$\delta_{\Delta T}^{i}$——第 $i$ 个子载波在时间窗口 $\Delta T$ 内的相位变异系数;

$\delta_{\Delta T-1}^{i}$——第 $i$ 个子载波在时间窗口 $\Delta T - 1$ 内的相位变异系数。

当环境是静态的、无人移动的情况时,$R_{SVR}$ 应该等于 1。然而受环境和硬件噪声的影响,$R_{SVR}$ 的测量值近似符合高斯分布,即 $R_{SVR} \sim (1, \sigma^2)$。如果环境是静态的,那么短时平均变化率应该位于置信区间 $(1 - Z_{\alpha/2} * \sigma) < R_{SVR} < (1 + Z_{\alpha/2} * \sigma)$,其中,$\sigma$ 为 $R_{SVR}$ 在静态环境下的经验方差,置信水平为 $1 - \alpha$,$Z_{\alpha/2}$ 值可以通过查找 Z-core 统计表获取[90]。否则,意味着环境中存在突发异常。SVR 是一个轻量级的检测方法,其能够快速发现环境中的突发情况,如图 8.9 所示。

值得注意的是,本节所提取的基于时间窗口的变化率检测技术不同于过去的方法[53]。之前轻量级的人体移动检测技术主要通过对比当前滑动窗口内的信号特征测量值与静态无人情况下经过校验的信号特征来实现人体检测。然而由于复杂的动态室内场景,静态模式是不稳定的,需要频繁地重新校验。另外,SVR 技术仅仅能够反映当前相邻时间窗口内数据特征变化,而不能检测在一段时间内的人体移动情况,如图 8.9 所示。为了捕获环境中信号在长时间内的连续变化情况,本章进一步提出利用长时间窗口内的相位变异系数来提升检测可靠性和精度。长时间相位变异系数平均变化率可定义为

$$R_{LVR} = \frac{1}{n} \sum_{i=1}^{n} \left| \frac{\delta_{\Delta T}^{i}}{\delta_{\Delta LT}^{i}} \right| \tag{8.15}$$

式中:$\delta_{\Delta T}^{i}$——第 $i$ 个子载波在短时间窗口 $\Delta T$ 内的相位变异系数;

$\delta_{\Delta LT}^{i}$——第 $i$ 个子载波在长时间窗口 $\Delta LT$ 内的相位变异系数。

同样,当环境是静态的、无人移动的情况,$R_{LVR}$ 应该等于 1。然而受环境和硬件噪声的影响,$R_{LVR}$ 的测量值近似符合高斯分布,即 $R_{LVR} \sim (1, \lambda^2)$。如果环境是静态的,那么长时平均变化率应该位于置信区间 $(1 - Z_{\alpha/2} * \lambda) < R_{LVR} < (1 +$

$Z_{\alpha/2} * \lambda)$,其中,$\lambda$ 为 $R_{\mathrm{LVR}}$ 在静态环境下的经验方差,置信水平为 $1 - \alpha$,$Z_{\alpha/2}$ 值可以通过查找 Z-core 统计表获取。$R_{\mathrm{LVR}}$ 的分母代表一种稳定状态,其代表 $R_{\mathrm{SVR}}$ 在长时间范围内是正常的。$R_{\mathrm{LVR}}$ 能够有效地识别稳定状态和连续环境变化状态。

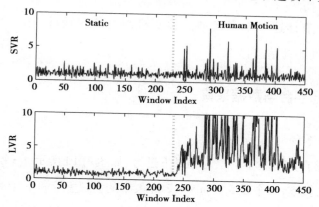

图 8.9 静态/动态环境下 SVR 和 LVR 值

本章中人体移动检测是通过结合 SVR 与 LVR 两种技术进行结果判断。首先利用 SVR 技术检测是否有人体进入监测区域。当用户第一次进入监测区域时,SVR 值会发生一个剧烈的变化,如图 8.9 所示。正如上述提及的,人体是否持续在监测区域内移动是无法仅通过 SVR 技术准确地推测的。进一步,人体移动的持续性将通过 LVR 技术进行跟踪。如果没有任何人体出现在监测区域内时,$\delta_{\Delta LR}^{i}$ 将被当前信号特征 $\delta_{\Delta T}^{i}$ 进行更新。

当环境中存在多条天线组时,用户移动检测可以通过在多组收发天线间的投票机制来提高检测精度。特别地,当一个接受天线检测出一个异常事件后,系统将通过 $R_{\mathrm{SVR}}$ 和 $R_{\mathrm{LVR}}$ 统计所有接受天线检测出异常事件的数量。对 $2 \times 2$ 的 MIMO 收发机组,则意味着要在 8 个测量值上进行投票,当大部分接收机天线检测出人体移动时,系统将上报异常事件。在实验评估小节将展现本章提出的投票机制的有效性。

# 8.6 实验及分析

之前的小节详述了本章模型的检测机制与流程设计,在本节中,将详述 FRID 模型的性能评估过程。

## 8.6.1 实验平台与数据采集

(1)实验平台

测试实验在两个典型的室内场景下进行,如图 8.10 所示,一个是 12.4 m × 7.2 m 大小的教室,一个是 5.6 m×4.2 m 大小的会议室。每一个测试房间中摆放了许多桌椅和其他家具,这些家具提供了丰富的多径传播条件。

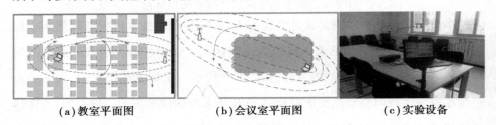

(a)教室平面图          (b)会议室平面图          (c)实验设备

图 8.10    实验场景

本节采用单天线的腾达 W3000R 无线路由器作为发射机(TX),其采纳 IEEE 802.11n 协议,工作在 2.4 GHz 频段。接收机(RX)采用联想 X200 笔记本,无线网卡采用 Intel5300 网卡,内置两根接收天线。接收机安装有 Ubuntu10.04 LTS 操作系统,能够向发射机发送 ICMP 数据报文。CSI Tool 工具能够通过更新的无线网卡固件提取物理层信道状态信息。接收机与发射机被部署在距离地面 1.2 m 的位置。

(2)数据采集

当接收机与发射机按照图 8.10 部署完成后,接收机向发射机以 20 Hz 的频率发送 ICMP 数据包。在线数据采集阶段,每个采样包括 3 000 个无人情况下的数据包和 3 000 个有一人移动情况下的数据包。志愿者按照图 8.10 所示的带箭头路线进行移动。实验过程中一共采集 4 个志愿者以不同的速度移动,一共在教室采集 4 个测试样本,在教室采集 3 个测试样本。

　　评估指标:本章将采用下述 3 个指标来评估本章提出的被动人体移动检测:

　　①漏报率(False Negative,FN):系统失败检测在监测区域移动的人体的比率。

　　②误报率(False Positive,FP):当环境中无人存在时,系统却谎报异常事件的比率。

　　③检测率(Detection Rate):系统能够正常地、准确地检测出环境中人体移动的概率。

## 8.6.2　实验评估与分析

（1）整体性能

本章工作基于相位变化率实现被动人体移动检测,通过大量的实验表明其性能能够达到令人满意的程度。如图 8.11 所示,FRID 平均的误报率/漏报率大约为 10%。换句话说,本章工作的检测精度能够达到 90% 以上。同时,本章

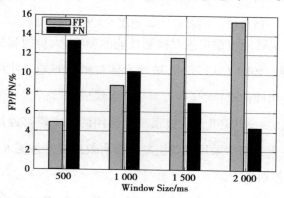

图 8.11　FRID 的误报率和漏报率

采用滑动时间窗口机制来提升系统的检测性能,滑动窗口的大小对检测性能有着至关重要的作用。如图 8.11 所示,误报率/漏报率随着滑动窗口时间的增长而变化。较大的滑动时间窗口能够带来较高的误报率和较低的漏报率。当时间窗口的大小较大时,窗口内的相位方差较大,对人体移动更加敏感,但是难识别静态场景。窗口大小的选择为误报率和漏报率提供了一个平衡。

正如 8.3 节所示,相位的变化与人体移动的距离有着密切的关系。在时间窗口内的相位的方差理论上随着不同的移动速度而不同。为了探究系统在不同人体移动速度下的性能,本小节在不同的场景下进行了大量的实验。如图 8.12所示,基于振幅的被动人体移动检测当人体移动速度较慢时,性能有所下降。相比之下,相位特征比振幅对慢速移动的人体更加敏感。

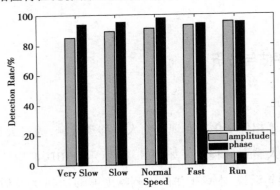

图 8.12 不同用户移动速度下人体移动检测率

为了探究在天线间投票机制对检测性能的影响,大量的测试实验在不同的测试场景下进行。如图 8.13 所示,被动人体检测能够通过使用多天线来提高性能。由于环境和硬件噪声的影响,当某个天线成为"坏"天线时其将无法准确地检测人体移动。一个"坏"天线被系统所采用的概率能够通过采用多天线机制使其降低。在天线组中采用投票机制能够有效地提升系统人体检测性能。

(2)相关工作对比

本小节将进一步对比本章工作与之前相关工作:RASID 和 FIMD。RASID是基于 RSSI 来实现被动人体检测,而 FIMD 则是基于信道状态信息的振幅来实现被动人体检测。RADIS 利用核密度估计技术,依赖现场勘测来采集正常和异常信号构建离线文件。FIMD 则是通过对信号矩阵的特征值进行密度聚类实现人体移动检测。

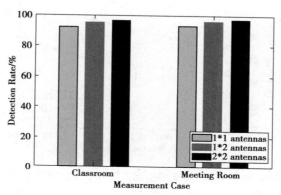

图 8.13　不同天线数量条件下的人体移动检测率

本节对比 3 个模型在检测率方面的相关性能,如图 8.14 所示。FIMD 性能强于 FRID,而 RASID 则要弱于 FRID。当人体移动到非视距路径时,特别是在接收机后面时,RSSI 无法识别多径信号变化。人体移动所引起的 RSSI 变化十分微弱。尽管 FIMD 模型能够在不同场景下使用 DBSCAN 算法精确地实现被动人体识别,但是其需要采集大量的数据包。另外,FIMD 采用的信号特征是振幅信息,阈值受环境自身变化影响较大。对于实时人体检测来说是一个巨大的挑战。相比之下,FRID 模型采用相位变化率,其消除了环境对检测阈值的影响。从图 8.14 可知,当窗口大小为 2 s 时,系统检测率能够达到 95%。可以认为 FRID 是一个轻量级、实用的设备无关被动人体移动检测系统。

(3)置信水平的影响

置信水平$(1-\alpha)$被认为是影响被动人体检测性能的另一个重要因素。在不同的置信水平下,FRID 的检测区间大小不同,对异常检测的评测尺度不同。如图 8.15 所示,置信区间的选择能够有效地平衡误报率和检测率。随着置信水平的增加,置信区间变得狭窄。当远距离的人体移动所引起的轻微相位变化能够被精确地检测时,环境噪声引起的变化却容易被误认为是异常事件,导致误报率(圆形虚线部分)增加。为了提高检测精度同时避免较高的误报率,置信水平可以设定为80% ~ 90%。

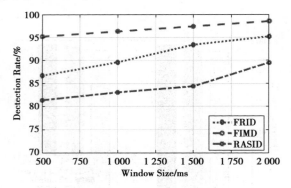

图 8.14　不同设备无关被动人体检测模型的性能对比

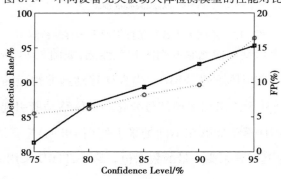

图 8.15　置信水平对检测性能的影响

# 8.7　本章小结

随着无线设备无关被动定位技术的快速发展,室内细粒度设备无关被动人体检测得到了广泛的研究。本章提出一个轻量级、实时无校验设备无关被动人体移动检测模型,其能够被快速部署,无须勘测开销。本章在大量实验探索的基础上,提出利用信道相位响应信息实现细粒度的人体移动检测,尤其是对慢速人体移动检测。为了能够准确、及时地检测出室内人体移动,本章在基于时域相位变化率的基础上,提出了相位变异系数短时平均变化率和长时平均变化率相结合的被动人体检测技术。大量的实验结果表明,本章所提出的基于信道相位响应的实时被动人体检测模型能够取得令人满意的性能,实现对不同速度下的人体移动及时、准确的检测。

# 第 9 章　基于高感知度的无源感知人体定位技术和应用

## 9.1　引　言

　　基于位置的服务给人们的日常生活带来了极大的方便。设备无关被动定位(Device-Free Passive Localization, DFPL)能够无须用户携带相关的电子设备而对用户进行定位,其在许多应用领域发挥着重要作用,如安全防护、老人日常看护、设备保护等。近年来,大量先进的设备无关被动定位被相继研究与开发。本章基于物理层信号特征和大量的实验观察,提出一个新的高感知度的设备无关被动定位。

　　传统的设备无关被动定位通常采用容易接入的接收信号强度指示(Received Signal Strength Indicator, RSSI)作为基本的信号特征。大部分设备无关被动定位多是基于人体的遮挡效果[37]。然而在室内多径环境下,RSSI 是不稳定的,对人体移动感知能力较差。为了提高定位精度,基于 RSSI 的设备无关被动定位采用多种手段,如采用密集的链路部署,大量的现场指纹勘查等。但 RSSI 自身的低分辨率和低感知力始终是制约定位精度提升的瓶颈。为了能够在普通室内环境少量链路条件下取得高精度的设备无关被动定位,一些学者探索利用信道物理层信号信息如信道状态信息(Channel State Information, CSI)。CSI 是一个常见的、细粒度的信号特征,其能够从载波粒度上刻画室内多径传播,有助于实现高精度设备无关被动定位。

随着 WLAN 和 OFDM 技术的快速发展,基于 CSI 的设备无关被动定位受到了广泛的关注。MonoPHY[26] 和 Pilot[27] 首先在少量的设备(甚至一组收发机组)上实现基于指纹匹配的细粒度设备无关被动定位,提升了传统基于 RSS 的指纹匹配的设备无关被动定位性能。尽管采用信道状态信息大大扩大了定位范围,然而其可定位区域内依然存在大量的盲点[27],同时被动人体定位的精度依然无法达到令人满意的程度,尤其是在第一菲涅尔区外。解决上述问题的通常方法是增加收发机组来提高扩大可监测区域并提高监测区域内无线信号密度。然而这种方法会带来较大的时间、能量和资金的花费。本章试图解决如何利用最少的收发机组取得高精度少定位盲点的设备无关被动定位这个难题。

本章工作利用一组收发机组来进行大量的探索实验。在实验过程中发现当接收机摆放在不同的位置时其拥有不同的环境感知能力。通过大量的分析和讨论可知,当接收机位于不同的位置时,信号反射和散射所引起的相位偏移会导致信号增益或相消变化,同时其接收到的无线信号中多径丰富程度不同,这些因素导致接收机对环境的感知能力有所差异。当接收机摆放在高敏感的位置时,会提升定位精度,并能够感知原来盲点处的人体。

本章中,一个高性能的室内设备无关被动定位(High-performance indoor Device-free Passive Localization,HiDFPL)被提出。HiDFPL 充分利用 CSI 优点来评估接收机敏感性并搜索高敏感的接收机位置。通过大量的实验评估可知,本章提出的 HiDFPL 至少能够将基于 CSI 设备无关被动定位性能提升 20%。

# 9.2　无线信号特征与 MIMO 模型

## 9.2.1　RSSI 与 CSI

国内外相关研究工作所使用的无线信号特征主要分为两大类:信号强度指

示-RSSI 和信道状态信息-CSI。这两类信号特征对刻画室内多径效应具有不同的效果,相比 RSSI 来说,CSI 能够更加详细地刻画无线室内多径传播。下面分别介绍 RSSI 与 CSI 相关通信理论及其特征。

在典型的室内环境下,一个发射信号要经过多条路径传播到达接收机。接收信号可以被认为是大量经过发射、折射、衍射和散射后的信号的结合体。在接收机的无线网卡上,复杂的带宽信号电平可以在某一个时刻测得

$$V = \sum_{i=1}^{N} \parallel V_i \parallel e^{-j\theta_i} \qquad (9.1)$$

其中,$V_i$ 和 $\theta_i$ 分别为第 $i$ 个多径信号的振幅和相位信息,$N$ 代表所有多径信号的数量。那么 RSSI 则可以用接收信号能量(dB)表示为

$$\text{RSSI} = 10 \log_2 ( \parallel V \parallel^2) \qquad (9.2)$$

由此可知,RSSI 是多径信号的叠加效应,其具有较低的信号变化分辨率。RSSI 是系统链路层的信号特征数据,其获取相对容易,早期无线被动定位系统采用 RSSI 作为基本的信号特征,以便系统可以在低功耗和商业设备上实现。

在系统物理层上,无线信号可以分为时域特征和频率特征。在时域特征中,接收信号 $r(t)$ 是发射信号 $s(t)$ 和信道冲击响应(Channel Impulse Response,CIR)$h(t)$ 的卷积[25]:

$$r(t) = s(t) \otimes h(t) \qquad (9.3)$$

式中:信道冲击响应 $h(t)$ ——$h(t) = \sum_{i=1}^{N} a_i e^{-j\theta_i} \delta(t - t_i)$;

$a_i$ 和 $\theta_i$——第 $i$ 个多径信号的振幅和相位信息;

$\delta$——狄克拉函数。

相应地,在频域响应中,接收信号的频谱 $r(f)$ 是发射信号的频谱和信道频域响应(Channel Frequency Response,CFR)的乘积:

$$R(f) = S(f) \times H(f) \qquad (9.4)$$

其中,信道频率响应可表示为

$$H(f) = \sum_{i=1}^{N} a_i \mathrm{e}^{-j2\pi f t_i}$$

CIR 能够从接收信号和发射信号的去卷积过程中提取,能够在时域上获取接收信号的多径信息。而 CFR 则为接收信号和发射信号频率,能够在频率上刻画多径信号信息。CIR 与 CFR 能够通过傅里叶变换进行相互转换

$$H(f) = FFT(h(t))$$

如果无线硬件采用 OFDM 技术,如 IEEE 802.11 a/g/n,那么在每个子载波的振幅和相位将提供一个简单的信号频谱,接收机将能够快速计算 CFR 和 CIR 信息。对信号频谱中的每一个子载波,其信号特征能够用信道状态信息(CSI)来刻画:

$$H(f_k) = \| H(f_k) \| \mathrm{e}^{j\sin(\angle H)} \tag{9.5}$$

其中,$H(f_k)$ 为频率 $f_k$ 的信道状态信息,$\angle H$ 为其相位。那么对接收信号的频率响应可以用所有子载波的信道状态信息进行表示:$H(f) = [H(f_1), \cdots, H(f_k)]$。之前,要想获取精确的无线信道状态信息需要使用矢量网络分析仪(Vector Network Analyzer,VNA)或者软件定义无线电(Software Defined Radio,SDR),这些仪器通常结构复杂,操作不便,价格昂贵,无法在普适环境下应用。最近在一些先进的商业无线网卡中,其驱动固件等能够为系统提供在 IEEE 802.11n 协议下的多载波的 WiFi 带宽下的信道频率响应信息,能够提供多频率条件下的信道状态信息。这将有助于实现多径环境下细粒度的设备无关被动人体定位。

### 9.2.2　MIMO 模型

多输入多输出(Multiple Input Multiple Output,MIMO)是 IEEE 802.11n 协议重要的组成部分。MIMO 技术能够通过多天线来提高通信性能。同时存在大量不同的 MIMO 配置和形式,能够单一或者多输入输出。常见的有单输入单输出、单输入多输出、多输入单输出、多输入多输出等。不同的形式给许多应用提供了多样的解决方案。

在 MIMO 系统中,单输入单输出是一个通信链路最简单的形式,如图 9.1 所示。接收机与发射机都仅仅只有一根天线。尽管它是一个有效的、简单的标准无线信道,然而无线信道受其性能限制。无线干扰和振幅衰减会严重影响单输入单输出系统。

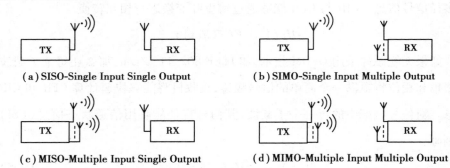

(a) SISO-Single Input Single Output  (b) SIMO-Single Input Multiple Output

(c) MISO-Multiple Input Single Output  (d) MIMO-Multiple Input Multiple Output

图 9.1　不同的 MIMO 形式

MIMO 系统中的 SIMO 系统是一个单天线发射,多个天线接收。每一个接收天线都可以独立地采集到发射信号,接收机能够通过融合多源信号来消除信号衰减与干扰。如图 9.1(b)所示。SIMO 是一个易于实现和接受的系统,但是它要求更多的能耗和资源。

MISO 系统则是采用发射信号多样性,如同 SIMO 系统中的接收信号多样性一样。如图 9.1(c)所示,发射天线能够发送同一数据,而接收机能够从最优的信号中提取数据。对比 SIMO 系统,MISO 系统能够将大量的处理流程转移到发射机上,从而降低在接收机上进行数据处理的开销。

如图 9.1(b)所示,MIMO 系统拥有多个发射天线和接收天线,能够大大提升信道的健壮性,同时提高信道吞吐量,并通过信道编码来分离不同路径上的数据。MIMO 在单一收发机组间提供了多条通信链路,能够大大提升定位精度。

## 9.3　无线感知与其量化评估

### 9.3.1　无线感知

无线电被发明的目的是隔空传输数据。随着无线技术的飞速发展,无线频道不断扩展和丰富,尤其是近些年来随着物联网的飞速发展,大量的学者探索利用无线电进行室内智能感知[18]。在室内环境下,无线信号通常经过直射、反射和散射等多条路径到达接收机。室内环境中充斥着大量的多径信号,这些多径信号能够受其传播的物理空间特性的影响,而接收机所接收到的无线信号的信道响应中携带了大量的环境特征信息。这里所说的环境特性信息包括外物信息(物品材质、接收机位置[64]、视距条件[83])和人体信息(人体移动、人体位置、人体活动、人体特征)等。随着室内 WiFi 的普及,大量的无线信号充斥着房间各个角落,同时人们的日常生活对环境感知越来越需要,如室内安防、家庭医疗监护、人机交互等,这为室内被动无线感知提供了新的机遇。

室内被动无线感知能够在无须用户携带任何设备的条件下对环境和人员进行检查、定位、追踪和识别。易于获取的无线强度指示器 RSSI 由于其自身的低分辨率而无法精确获取环境特性,大量的学者探索利用基于 OFDM 技术的无线物理层多载波信道响应来刻画室内多径传播,信道响应具有一定程度的多径分辨能力,可以发现视距或者非视距路径上的信号的微弱波动,具有较高的感知灵敏度、较大的感知区域和可靠的感知能力。

但是室内环境结构复杂,多径信号的时延和相位偏移往往会导致接收信号不同程度的相增或相减效应。当多径信号中视距较强时,环境的变动只有靠近视距路径时才能被有效地检测,而视距受到多径信号削弱时,非视距的变动也能够被敏感地检测出来。第 6 章中提出了一个新的链路对人体移动的敏感度量化技术。该技术是基于多径丰富程度来实现对检测阈值的预测,而本章注意到无线感知度与多径信号丰富度关系密切,在本章将会进行大量的实验探索来求证 $K_s$ 因子是否能够用来评估无线感知度。

## 9.3.2　无线感知度评估

随着无线感知的不断发展,大量的学者利用无线感知来感知周围环境的变化。然而在不同室内环境下,无线信号对环境的感知能力具有一定的差异性,其无线感知性能随着环境的不同而有所变化。无线感知能力的大小主要与接收信号的多径成分比重相关,当室内多径信号较强时,其多径上的信号变化能够被准确地识别,而当接收信号中的视距信号较强,多径信号较弱时,只有视距路径附近的环境变化才能被准确地识别。要衡量无线感知能力的大小则需要评估多径信号在接收信号的比重。通常采用莱斯因子来评估视距与非视距信号强弱比重。莱斯因子评估在商业的无线网卡中难以实现,无法得到普适的应用。

本章工作重新观察了第 2 章所述的信道振幅响应变异系数分布,如图 9.2 所示。不同情况下的信道响应振幅变异系数特征分布情况各异。从图中可知,当链路敏感度较低时,$cv$ 值较小且分布狭高;当链路敏感度较高时,$cv$ 值较大且分布宽矮。本章工作探索是否可以利用 $cv$ 的分布情况来刻画无线感知度,通过评估链路敏感度来估算无线感知度大小。为了量化 $cv$ 分布的差异性,本章采用第 2 章所提出的度量指标 $K_s$。

为了验证 $K_s$ 指标对评估无线感知度的有效性,本章构建了以下大量的实验:如图 9.3 所示,发射机 TX 被固定在一个位置,而接收机 RX 在实验过程中被摆放在不同位置处。在每个接收机位置处,一个测试人员沿着路径 A-B 走动,每一次接收机采集 6 000 个数据包,同样数量的数据包在环境无人的情况下被采集。然后有人与无人情况下的信号特征互相关的累计分布函数分别被计算,无线感知度被分成了三类并在图中标示。当接收机在不同位置时,多径信

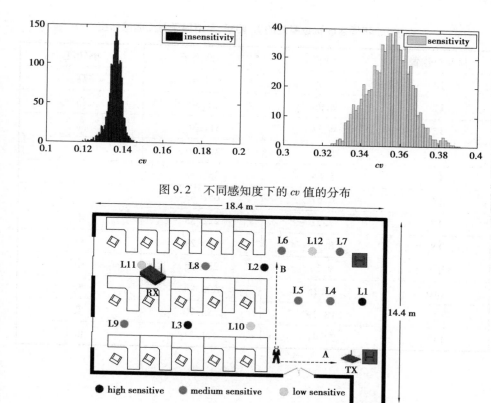

图 9.2 不同感知度下的 $cv$ 值的分布

图 9.3 $K_s$ 值测量实验场景

号丰富程度不同,对人体移动的感知度大小也不同。无人情况下的每个接收机位置处的 $K_s$ 指标也被分别计算,同样莱斯因子也利用相同测量数据进行估计,计算结果见表 9.1。从表中可知,$K_s$ 值随着无线感知度的降低而增加,相比之下,莱斯因子与无线感知度之间并无明显的线性关系。由此可以观察发现,$K_s$ 值能够有效地作为多径传播情况的指示器来量化无线感知度的大小。当 $K_s$ 值越小则无线感知度越高,即感知精度、感知范围将会被大大提升。为了进一步验证利用 $K_s$ 刻画无线感知度的作用,本章提出基于不同感知度的室内设备无关被动定位模型,探索不同无线感知度下的被动定位效果,同时利用高感知度来提升被动定位范围、消除被动定位盲点,实现单链路下的高感知度、高精度的设备无关被动定位。

表 9.1　不同接收机位置处的 $K_s$ 因子、莱斯因子与无线感知度

| 接收机位置 | $K_s$ | 莱斯因子 | 感知度 |
|---|---|---|---|
| L1 | 3.89 | 641.44 | 高 |
| L2 | 3.96 | 31.80 | 高 |
| L3 | 4.37 | 317.36 | 高 |
| L4 | 5.01 | 250.16 | 中 |
| L5 | 5.54 | 285.27 | 中 |
| L6 | 6.67 | 652.63 | 中 |
| L7 | 7.27 | 222.33 | 中 |
| L8 | 8.27 | 146.29 | 中 |
| L9 | 9.26 | 283.15 | 中 |
| L10 | 13.15 | 506.84 | 低 |
| L11 | 18.29 | 285.70 | 低 |
| L12 | 27.41 | 421.21 | 低 |

# 9.4　基于无线感知度的无源感知人体定位模型

本小节将详述 HiDFPL 模型的设计。模型架构将被首先呈现,然后架构中的每一个组件将被详细叙述。

## 9.4.1　模型架构概述

HiDFPL 构建于 WLAN 设备平台上。在本章的设计中,HiDFPL 包含三类硬件组件:发射机、接收机和服务器。无线接入点或者无线路由器能够被采用作为发射机。配置有商用无线网卡的嵌入式或者个人电脑能够作为接收机。接收机能够周期性地向发射机发送 ICMP 数据包并采集信道状态信息。CSI 信息能够通过网络发送到服务器。服务器可以通过离线阶段和在线阶段实现人体

检测与定位功能,如图 9.4 所示。

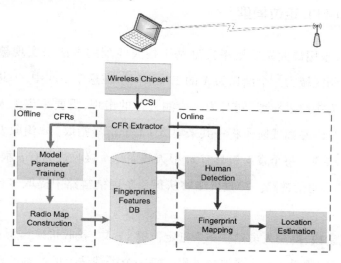

图 9.4　模型架构

(1)离线阶段

在离线阶段,被动无线指纹数据库被构建。由于人体位于监测区域内不同位置时其对无线信号传播的影响不同,因此在此阶段要采集人体所有位置的信号指纹信息。指纹信号采集过程中,勘测人员站立在指定的位置上,接收机被操作采集当下状态下的 CSI 信息并将其发送给服务器。在服务器上,CSI 信息被进一步处理来获取子载波振幅信息,然后根据大量子载波振幅分布模型求出定位所需的参数信息。服务器程序将所有定位模型参数与人体勘测位置相关联,然后将其保存在数据库中。

(2)在线阶段

在在线阶段,服务器程序会实时检测人体的出现,并及时对其进行定位。同样,接收机周期性地向发射机发送 ICMP 报文信息,然后从相应报文中获取信道状态信息并将其发送到服务器上,服务器程序从 CSI 信息中获取多载波振幅信息。最后,服务器程序将基于贝叶斯最大先验概率方法来评估环境状态和出现的人体位置。

### 9.4.2　HiDFPL 定位模型

HiDFPL 采用最大先验概率模型基于指纹匹配的方法来实现被动人体定位。假设监测区域为一个面积为 $X$ 的二维空间。在这个空间中,一共有 $N$ 个位置被选择作为指纹采样点,同时为了检测人体的出现,需要采集无人情况下的信号状态信息。在离线阶段将一共采集 $N+1$ 个信号指纹。$a$ 组收发机组被部署在监测区域内。每个发射机具有 $m$ 根天线而每个接收机具有 $n$ 根天线,一共有 $a \times m \times n$ 个通信链路。接收机能够从每一条通信链路中提取多载波信道状态信息。

在离线阶段,勘测人员站在一个指定位置 $x \in X$。接收机采集所有通信链路上的 CSI 信息,假设 $l$ 个数据包被采集。每一个子载波上的振幅的概率密度函数近似符合高斯分布,如图 9.5 所示。第 $i$ 个通信链路上的振幅的概率密度函数可以表示为

$$f(x) = \frac{1}{2\sigma^2} e^{\frac{(x-\mu)^2}{\sigma^2}} \tag{9.6}$$

式中:$\mu, \sigma$——第 $i$ 个子载波的振幅分布的均值与方差。

对于第 $i$ 个子载波而言,其信号指纹能够使用向量 $r^i = (\mu, \sigma)$ 进行表示。假设子载波的数量为 $f$,那么对每个位置的指纹信息可以表达为

$$R = r_{a,n,m}^f$$

在在线阶段,接收机实时采集 CSI 信息,假设一个接收机从数据包中提取振幅向量 $V = (h_{1,1}^1, h_{1,2}^1, \cdots, h_{n,m}^f)$,其中 $h$ 为子载波的振幅值,定位问题则变为:给定一个向量 $V$,人体的位置能够被估计为数据库中相似度最高的指纹所对应的位置。

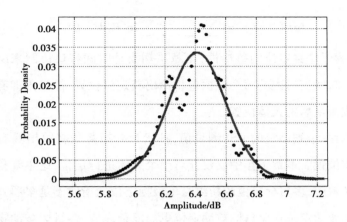

图 9.5　子载波振幅的概率密度分布

### 9.4.3　人体位置估计算法

当检测到环境中人体存在后,模型开始对人体进行位置估计。假设采集的实时信道状态信息的振幅向量为 $V$,将从指纹数据库中搜索和匹配与 $V$ 相似性最大的指纹信息,从而找出其对应的位置信息:

$$L = \arg \max_{L} P(L \mid V) \tag{9.7}$$

当使用贝叶斯最大先验概率方法后,其能够表达为

$$L = \arg \max_{L} \frac{P(V \mid L) P(L)}{P(V)} \tag{9.8}$$

假设每个位置都是平等的且 $P(V)$ 是独立于人体位置的,那么有

$$L = \arg \max_{L} P(V \mid L) \tag{9.9}$$

其中,概率函数 $P(V \mid L)$ 能够通过指纹数据库进行计算

$$P(V \mid L) = \arg \max_{L} \prod_{a} \prod_{n} \prod_{m} \prod_{f} \int f(x) \tag{9.10}$$

式中: $f(x)$ ——位置指纹中振幅值的高斯密度函数。

对 $P(H_{i,j}^{s} \mid l) \in [0,1]$,随着 $s,i,j$ 的增长, $P(H \mid l)$ 将变得非常小,误差率也随之上升。为了简化计算,放大结果,本章采用自然对数函数来控制快速的单调增长:

$$\ln P(V \mid L) = \sum_a \sum_n \sum_m \sum_f \ln P(V^f \mid L)_{a,n,m} \qquad (9.11)$$

同样,为了增强定位的鲁棒性,本章采用滑动时间窗口机制来决定最后的定位结果。时间窗口内的每个数据包将给出其定位位置,窗口内拥有最多票数的位置将成为最后的人体位置。

总之,对一个被给定的 CSI 测量值,朴素贝叶斯算法将输出具有最大先验概率的人体位置。本章工作中仅仅针对单个人体进行定位,这主要是因为复杂的室内多径效应,多目标定位的指纹与单目标定位的指纹不是多项式或线性关系。多目标被动定位比单目标被动定位更加复杂多变,多目标被动定位将是本书作者未来的后续工作。

# 9.5 实验与分析

本小节将详述 HiDFPL 的实验评估结果。首先介绍实验方法,然后详述在室内场景下的定位性能评估结果。

## 9.5.1 实验平台与数据采集

(1)实验平台

本小节实验构建在两个典型的室内场景下。每一个测试房间摆放着大量的桌椅和家具,这些设备大大增强了室内多径丰富程度。

场景 1:实验构建在一个 12.4 m×7.2 m 的教室中,教室摆放着大量的书桌和椅子,如图 9.6 所示。接收机与发射机相距 10 m,距离地面高度 1.5 m。实验过程中一共选择了 59 个位置作为训练位置,其中 28 个位置作为测试位置。

场景 2:实验在普通的家居环境下进行。房屋面积大约 20 m²。房屋中摆放着各式各样的家具,如书桌、椅子、床和计算机等,如图 9.7 所示。接收机与发射机相距 4 m,距离地面高度 0.7 m。实验过程中一共选择了 15 个位置作为训练位置,其中 6 个位置作为测试位置。

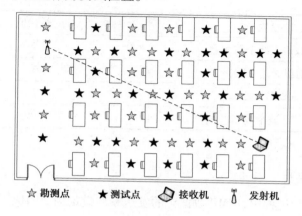

图 9.6 场景 1:教室

图 9.7 场景 2:公寓

在实验过程中,仅仅采用了一组收发机。发射机(TX)采用腾达 W3000R
型号路由器,路由器采用 IEEE 802.11n 协议,运行在 2.4 GHz 频段。接收机
(RX)采用联想 X200 型号笔记本电脑,其无线网卡更换为 Intel 5300 型号,笔记
本内置两根天线,笔记本上安装 Ubuntu 10.04LTS 操作系统。其中,无线固件被
更新为 iwlwifi 使其能够从收发的 ICMP 数据包中提取信道状态信息并上报给上
层用户态。实验过程中配置的具体参数值见表 9.2。

表 9.2　模型参数列表

| 参数 | 默认值 |
|---|---|
| 接收机天线个数,$n$ | 2 |
| 发射机天线个数,$m$ | 1 |
| 时间窗口大小,$w$ | 2 |
| 子载波个数,$f$ | 30 |

（2）数据采集

在本章实验过程中,ICMP 数据包的发送频率设定为 20 Hz。实验过程中采用两个志愿者,分为两个阶段:离线阶段和在线阶段。在离线阶段中,一个无人情况下的指纹和大量单人站在训练点的指纹被采集用以构建指纹数据库。对每个训练位置处,接收机会在一天不同时间段内采集 2 min 测试数据,然后将30 个子载波的 CSI 振幅的均值与方差记录到指纹数据库中。人体个头胖瘦不同,每个子载波振幅的高斯概率密度随着人体不同而有些许差异。为了能够消除指纹在不同人体之间的差异性,本章采用线性转换[91]的方法将同一位置处不同志愿者所采集的子载波振幅测量值变换到同一特征空间中。在在线阶段中,在每个测试位置处接收机每次大约采集 6 s 的信道信息,然后提取其信道响应的多载波振幅信息,并根据贝叶斯定位技术计算该状态下的人体位置。

## 9.5.2　实验结果分析

在本小节中,首先评估本章所提出的 HiDFPL 模型的整体性能。表 9.2 中,3 个参数在本章中发挥着重要作用。本小节针对影响定位性能的不同参数进行实验分析。

（1）定位性能

当接收机摆放在拥有较高敏感度的位置时,人体对无线信号的干扰更加明显。理论上,HiDFPL 的定位精度比接收机在低敏感度的位置更高。为了证明上述假设,大量的实验被分别构建于接收机不同敏感度情况下。如图9.8所示展现定位距离误差的累计分布情况。从图中可知,在高接收机敏感度情况下的平均定位误差为0.79 m,而低敏感度情况的平均定位误差为1.24 m。实验结果表明,HiDFPL在单收发机组情况下其定位精度比其他模型性能提升了至少21%。

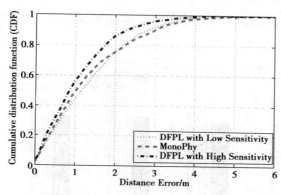

图9.8　不同敏感度下的定位性能

同时,如图9.9所示,可以观察到随着接收机敏感度的提升,区域内的盲点数能够有效地被减少。在一个单间较大的房间内,当接收机具有较高的敏感度时,在训练位置处其盲点数能够有效地被减少到3%左右。尽管有些盲点无法被精确定位,但是人体在这些点移动时依然能够被检测到。HiDFPL能够使用单个收发机组取得大范围内较高的定位精度。

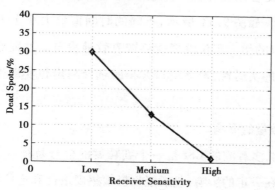

图9.9　不同敏感度下的定位盲点数量变化

（2）天线数目的影响

随着 WLAN 技术的发展,采用 IEEE 802.11n 协议的节点多采用 MIMO 技术。MIMO 技术不仅能够提升系统的吞吐量而且能够提供丰富的信道信息以提升定位系统性能。在本节实验中,接收机一共两根接收天线,实验中分别对不同天线组合下的定位性能进行评估。其评估结果如图 9.10 所示,从图中可知,不同的天线上定位精度不同,而当融合多根天线时其定位性能能够被大大提升。

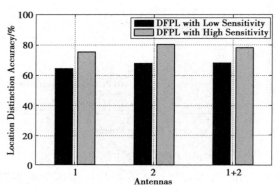

图 9.10　天线数量对定位的影响

（3）时间窗口大小的影响

由于噪声的影响,测量值随着时间会发生轻微抖动,能够降低系统定位性能。为了提升定位的健壮性,本章采用了滑动时间窗口机制来消除噪声对定位性能的影响。如图 9.11 所示,不同的时间窗口大小下人体定位精度不同,随着时间窗口的增大定位性能能够被有效地提升。然而较大的时间窗口会降低系统定位的实时性,滑动窗口大小的选择与定位实时性之间存在一定的平衡。

（4）子载波数量的影响

与 RSSI 相比,多载波的 CSI 是一个细粒度的信号特征。子载波的数量对系统定位性能存在一定的影响,包括接收机敏感度估计和定位精度。不同频率的子载波在多径传播过程中遭受不同程度的能量衰减。采用的子载波的数量越多,其越能有效地刻画多径效应,也将越准确地估计接收机敏感度。大量的实验被构建来评估子载波数量对接收机敏感度的估计准确性。如图 9.12 所示,敏感度估计精度随着子载波数量的增多而提高。当采用 30 个子载波时其接收机敏感度准确度能够达到 90%。

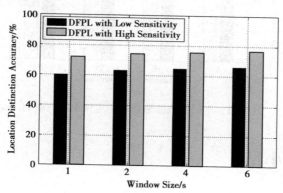

图 9.11　时间窗口大小对于定位性能的影响

同时,子载波数量能够带来不同的定位精度。在实验中,不同的子载波分别被采用来评估定位精度。如图 9.13 所示,随着子载波的数量增多定位精度能够被有效地提升。当采用 30 个子载波时,其定位性能比仅仅采用 5 个子载波的情况能够有效地提升至少 15%。

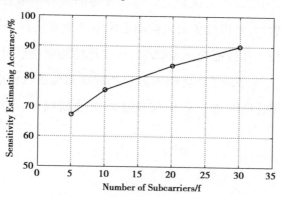

图 9.12　子载波数量对于敏感度评估的影响

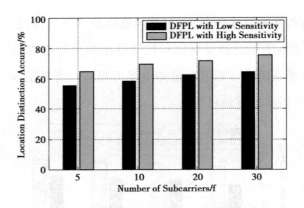

图 9.13　不同子载波数量对于定位精度的影响

## 9.6　本章小结

在本章中,一个高感知度的室内设备无关被动定位模型被提出,其能够在单通信链路条件下基于指纹匹配技术实现细粒度室内设备无关被动定位。为了刻画无线信号对周围环境变化的感知能力,本章提出一个可量化的无线感知度评估标准。该标准能够帮助接收机获取具有高感知度的位置,从而获取更高精度、更大定位范围的设备无关被动定位。大量的实验结果表明,在选择了高感知度接收机位置后,室内设备无关被动定位精度能够达到 0.79 m,比之前的设备无关被动定位工作性能提升了 20%,而比低感知度接收机,其定位性能能够被提升近 36%。未来的工作将探索融合物理层相位信息获取更加准确的无线感知度评估标准,同时融合相位信息获取更加精确的设备无关被动定位技术。

# 第 10 章　基于多信道衰减的无源感知人体定位技术和应用

## 10.1　引　言

　　无线被动室内定位许多智能应用的核心组件,能够帮助多种智能系统敏感地感知人体位置和活动,如区域安防、智能家居、智能看护等。与主动室内定位不同的是,被动室内定位系统无须用户一直携带电子设备,其能够通过不同位置处的人体对无线信号的干扰来实现人体检测与定位,这种方式称为设备无关被动定位[13]。过去的一些年里,大量的学者深入研究实用的室内设备无关被动定位系统。然而,设备无关被动室内定位系统依然无法取得令人满意的性能,包括定位精度、漏报率、系统扩展性以及多人识别与追踪等。

　　大部分已研发的室内被动定位系统使用来自无线设备的接收信号强度指示(Received Signal Strength Indicator,RSSI)作为人体出现位置的指纹或者指示器[92],利用在单元格或者一个链路上的 RSSI 变化来检测和定位人体[35]。尽管 RSSI 易于获取,但是其被证明是一个不稳定的、低分辨率的指示器,导致较大的定位误差和较高的漏报率[69]。主要是因为 RSSI 是一个来自链路层的多径信号的叠加效果,单值 RSSI 无法刻画多径效应。为了能够刻画小规模的多径室内衰减,本章采用细粒度的物理层信道状态信息(Channel State Information,CSI)。多载波信道状态信息能够反映信道响应信息且能够在子载波水平区分多径信号。CSI 目前能够被商业 WiFi 标准协议所支持,包括 IEEE 802.11a/g/n。相比 RSSI,CSI 是一个细粒度的特征,能够详细刻画多径信号的属性,能够更加敏感地感知人体出现所导致的接收信号的变化情况。CSI 在实现高健壮性、高精度的室内被动定位系统上拥有巨大的潜力。

根据文献[26]所述,单链路定位是多链路定位的基础,而之前的工作仅仅是考虑了子载波的多样性,却忽略了频率选择性衰减带来的子载波之间的差异性和相关性问题。在本章中,一个高精度的细粒度的室内被动定位(improving indoor Passive localization, iPil)被研究与实现。本章的工作基于单视距通信链路下,采用物理层信道状态信息。在本章所提出的定位模型中,信道响应在不同频率上的差异性和相关性被考虑来刻画小尺度传播条件下频率选择性衰减[93]。本章工作实现在普通的商业网卡上。大量的实验结果表明,本章所提出的方案能够在单链路通信条件下取得较高的定位精度。

本章的工作在参考了其他基于指纹匹配技术的室内被动定位模型后,着重考虑了信号频率选择性衰减带来的频率差异性和相关性,而不是仅仅将各个子载波平等对待。本章为了提高定位精度,在考虑了子载波频率差异性后提出了一个加权贝叶斯定位技术,其定位性能相比之前的工作提升近20%。在考虑频率相关性之后,本章提出另一个新颖的基于 CSI 指纹最大相似度匹配的定位技术,其计算量更少,新的模型相比之前的工作也有近30%的性能提升。两种技术各有千秋,适用于不同的场景。加权贝叶斯定位技术适用于能量受限的节点,而指纹最大相似度匹配定位技术能够在电源节点和高带宽节点上表现出优异性能。

# 10.2　室内无线信道特征

## 10.2.1　无线信号衰减

室内环境下,接收机接收的信号往往不是单一路径信号,而是大量的多径信号的合成。这些多径信号通常为具有不同的幅度、相位、时延以及到达角的反射以及散射信号,使无线信道在时域内得到时间弥散信号。各个路径反射和散射的信号的时间、振幅和相位各不相同,导致接收机接收到的信号的振幅/相位为多径信号相位叠加的结果。多径信号相位的变化能够使接收信号的幅度/相位产生剧烈的变化,即多径衰落。在室内环境中,如果接收机、发射机和反射体的位置发生很小的改变时,不同路径上的接收信号的相对相位会产生巨大的变化。相同的相位、振幅叠加则会使振幅得到增强,而相反相位的叠加则会大大削弱接收信号的振幅。这样,接收到的信号振幅将会发生急剧变化。

室内环境下,WLAN 中采用的信号的信道增益恒定且相位响应带宽小于发送信号的带宽,导致接收信号会产生频率选择性衰减。在这种情况下,信道冲击响应具有多径时延扩展。对频率选择性衰减的信道,其建模相当困难,需要对每一个多径信号进行建模,且需将信道视为一个线性滤波器,如式(8.1)。对于频率选择性衰减的信道来说,从频域上观察可知,不同的频率获得不同的增益时,信道会产生频率选择。当多径时延接近或者超过发射信号的周期时,则会发生频率选择性衰减[79]。同时,在实际的室内环境下,大量的家具、墙体和人体都会对信号造成反射效应、吸收效应等,其将会导致信号的局部衰减[94]。这些衰减都是与时间相关且不可预测的。但正是多径信号导致的室内无线信号衰减为室内无线感知提供了丰富的环境信息,为室内设备无关被动定位的发展提供了新的机遇。

## 10.2.2　基于 OFDM 的信道响应

在典型的室内场景下,一个无线信号会经过多条路径到达接收机。每一条路径都具有不同的传播时延、振幅衰减和相位偏移。接收机接收到的信号响应为多径信号叠加到一起的信号总和:

$$h(\tau) = \sum_{i=1}^{N} |a_i| \exp(-j\theta_i) \delta(\tau - \tau_i) \qquad (10.1)$$

式中:$a_i, \theta_i, \tau_i$——第 $i$ 个多径信号的振幅、相位和时延;

$N$——所有多径路径数量。

为了能够精细地刻画信道响应,需要采用高精度专业设备。然而,这些设备往往价格昂贵,难以操作。随着 WLAN 技术的飞速发展,大量先进无线协议被应用到商业无线网卡中,如 IEEE 802.11 a/g/n 等。其中,正交频分复用(Orthogonal Frequency Division Multiplexing,OFDM)技术被许多协议采用来对抗高速数据传输下的码间干扰。同时,OFDM 技术能够很好地解决无线通信过程中的时间选择性衰减和频率选择性衰减对无线信道传输的不利影响。

在频率域,OFDM 将给定的信道分成许多正交子信道,每个子信道上使用一个子载波进行调制,由于正交性,每个子载波可以并行传输。OFDM 系统可以提供子载波水平的信道频率响应:

$$H = [H_1, H_2, \cdots, H_k, \cdots, H_N], k \in [1, N] \tag{10.2}$$

其中,每一个 $H_k$ 是一个复数值,代表子载波 $k$ 的振幅响应和相位响应,$N$ 为子载波总数。每一个子载波的信道状态信息 $H_k$ 能够刻画为

$$H_k = |H_k| e^{j \sin\{\angle H_k\}} \tag{10.3}$$

式中:$|H_k|$——第 $k$ 个子载波的振幅;

$\angle H_k$——第 $k$ 个子载波的相位。

通过上述公式可知,尽管信道可能是非平坦的,但是每个子载波信道是相对独立的,每个子载波信道是窄带传输,信号带宽要小于信道的相应带宽,可以大大地消除码间干扰。同时,在时域上,OFDM 技术将串行数据流转换为并行的,降低了信号速率,却增大了符号周期,扩大了原始数据的符号周期,使得多径信号更容易在若干时间内到达接收机,能有效地克服多径效应对符号间的干扰。

OFDM 的多载波通信特性为刻画室内多径传播提供了丰富的信道信息,子载波个数越多能表征的信道就越多。但是随着子载波的增多,正交性越难得到有效的保证,而载波的非正交化对信道的影响将非常大。在 IEEE 802.11a/g 协

议中,2.4 GHz 频段载波数量为 52 个。IEEE 802.11 n 协议中,2.4 GHz 频段载波数提升至 56 个。同时,802.11n 协议引入了 5 GHz 频段,其子载波数量达到 114 个[95]。丰富数量的子载波能够为刻画室内多径传播提供一个简易版的信道频率响应。

### 10.2.3　室内信道振幅响应分簇现象

如图 10.1(a)所示,信道振幅响应在 2 h 内的变化情况。从图中可知,子载波 CSI 振幅值形成了 3 个分簇。如图 10.1(b)所示,显示来自一个数据流的不同时间段的子载波 CSI 振幅变化情况。从图中可以观察到仅仅一个簇一直存在且较稳定,其他两个簇表现得很不规律且方差较大。这两个分簇不应在现实使用中被采纳,而应使用主簇作为信号特征。本章采用一个有效的分簇技术（K-means[96]）来选择主要的簇,运行过程中选择有效的数据包。

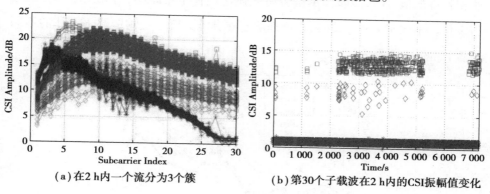

(a)在2 h内一个流分为3个簇　　(b)第30个子载波在2 h内的CSI振幅值变化

图 10.1　CSI 振幅分簇属性

同时,实验中还能观察到子载波 CSI 振幅在静态环境下是稳定的,但是在动态环境下,CSI 振幅对不同的人体出现表现了不同的敏感度,如图 10.2 所示。接收机能够捕获细粒度的多载波 CSI 振幅变化区分不同的人体位置。

## 10.3　细粒度高精度无源感知定位模型

本节将详述本章所研发的 iPil 被动定位模型。首先,在模型概述中将阐明本章的动机和模型架构;其次,将详述本章所提出的两种细粒度高精度的被动定位技术。

### 10.3.1　模型概述

WLAN 频率与水的共振频率相近,当人体遮挡住一个无线通信线路时其能够在频率带宽上影响无线信号。尤其是当人体遮挡住视距路径或者站在视距路径附近时,无线信号的变化更加明显。然而,对于无线单链路来说,RSSI 是一个粗粒度的值,仅仅能够指示是否有人体遮挡住了视距路径,无法对其位置进行定位。不同于 RSSI,CSI 来自物理层能够有能力区分在单链路下人体的不同位置,如图 10.2 所示。

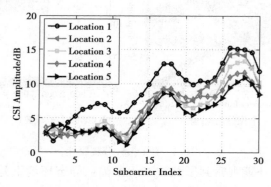

图 10.2　通过 CSI 特征值实现位置区分

如图 10.3 所示展示了本章的模型架构。在本章工作中将采用 OFDM 技术与 MIMO 技术传输无线信号。iPil 模型工作过程分为两阶段:在线阶段和离线阶段。

（1）离线阶段

在这个阶段，勘测人员站在监测区域的不同位置处。对每一个位置，接收机通过 CSI 驱动程序从发射机返回的 ICMP 数据包中提取信道多载波 CSI 值，然后将其发送到应用服务器上。在应用服务上，程序计算每个数据包中的每个子载波的振幅值，将其存入缓存区中。最后将采集的每个子载波所有的振幅值输入一个聚类算法中（K-means）从而提取其中的主簇。主簇的数据为稳定状态下可用的信道响应有效数据。受环境噪声和硬件噪声影响，主簇中的每个子载波上的振幅能够用高斯随机变量（Gaussian Random Variable, GRV）进行表示。对每一个勘测位置的指纹则为所有收发机组的每个子载波的 GRV 的均值与方差。最后，每一个位置指纹被关联到采样位置并记录到指纹数据库中。

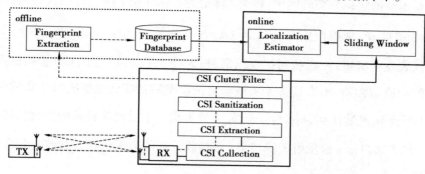

图 10.3　模型架构

（2）在线阶段

用户的位置能够通过采集收发机组上的实时 CSI 信息进行估计。为了增强被动定位的鲁棒性，本章采用滑动时间窗口机制。与离线阶段一样，可用的数据包从时间窗口中提取。然后定位模型通过分类器评估每一个可用数据包所对应的可能的用户位置。最后时间窗口内得票最多的位置则为人体最有可能站立的位置。

本章工作实验构建于离散空间。定位模型返回用户最可能位于的训练位置，尽管其可能并非完全站立于已校验的位置。文献[56]引入一个连续空间的定位技术来进一步增强定位精度。连续空间的人体位置能够通过离散空间定位结果的平均空间量估计。离散空间定位是连续空间定位的基础。本章研究工作的重点主要集中于离散空间定位。

## 10.3.2 位置估计模型

假设 iPil 模型被安装在具有 $N$ 个指纹位置的区域内。iPil 采用单收发机组,接收机拥有 $m$ 个天线,发射机具有 $n$ 个发射天线,这样一共拥有 $m \times n$ 个数据流,每个数据流对人体出现具有不同的感知能力。如图 10.3 所示,来自每一个天线的接收数据包中一共有 $f$ 个子载波被采用。在本章的指纹数据库中将一共有 $N \times m \times n \times f$ 个指纹数据。

在本章的定位分类问题中,将类 $l$ 标记为人体在第 $l$ 位置时的状态,其与指纹 $\boldsymbol{F}_l$ 相关联。$\boldsymbol{F}_l$ 能够使用向量 $V_k = (\mu, \sum)$ 表示,其中 $\mu = \mu_{i,j}^s$ 和 $\sum = \sum_{i,j}^s$ 分别代表发射机第 $i$ 根天线与接收机第 $j$ 根天线在子载波 $s$ 上的 CSI 振幅的高斯分布的均值与方差。本章设备无关被动定位模型的目标就是将实时采集的未标签的 CSI 振幅向量 $H = \{h_{i,j}^1, h_{i,j}^2, \cdots, h_{i,j}^f\}$ 分类到一个已经被校验的指纹位置,其中 $h_{i,j}^s$ 代表来自第 $i$ 根发射天线与第 $j$ 根接收天线的数据包在子载波 $s$ 上的 CSI 振幅值。

(1)加权贝叶斯(Weighted Bayesian,WBayes)

贝叶斯理论是一种常用的分类技术[97]。基于贝叶斯理论的定位技术能够将人体定位到一个已校验的具有最大的先验概率[98]的位置。之前的设备无关被动定位系统仅仅是考虑信道响应多维特性,每个子载波平等对待,而忽略了子载波之间的频率差异性。从图 10.3 中可知,不同位置处的一些子载波的振幅是非常接近的,很难区分。如果将所有子载波平等对待,那么振幅相近的子载波将会干扰分类结果,这将导致在进行指纹分类时容易造成较大的定位误差。为了提升 CSI 振幅的可区分性,本章基于载波频率差异性提出一种加权贝叶斯被动定位技术。

在在线阶段,假设给一个接收信号的信道频域响应振幅向量 $H$,模型目标是找到一个位置 $l \in N$,该位置处具有最大的先验概率 $P(l \mid H)$:

$$l^* = \arg \max_l P(l \mid H) = \arg \max_l \frac{P(H \mid l)P(l)}{P(H)} \tag{10.4}$$

由于所有位置是平等的,因此可以认为 $P(l)$ 是一个常量。而 $P(H)$ 为一个与位置独立的变量,上述公式变为

$$l^* = \arg \max_l P(H \mid l) \tag{10.5}$$

其中,$P(H \mid l)$ 能够使用离线阶段采集的指纹信息来进行计算获得

$$P(H \mid l) = \prod_{s=1}^{f} \prod_{i=1}^{n} \prod_{j=1}^{m} P(H_{i,j}^s \mid l) = \prod_{s=1}^{f} \prod_{i=1}^{n} \prod_{j=1}^{m} \int_{-\infty}^{+\infty} \frac{1}{2\pi(\sum_{i,j}^{f})^2} \exp\left(-\frac{(h_{i,j}^f - \mu_{i,j}^f)^2}{2(\sum_{i,j}^{f})^2}\right) \mathrm{d}h \tag{10.6}$$

$P(H_{i,j}^s \mid l) \in [0,1]$,$P(H_{i,j}^s \mid l)$ 随着 $s,i,j$ 值的增加而变得非常小,对于实际的计算机系统来说其分辨率将很低,难以计算。为了简化计算过程,本章将应用对数函数在上述公式中。对数函数是一个凸函数,能够保持单调递增性,将对数函数用于贝叶斯公式中可得到

$$\ln P(H \mid l) = \sum_{s=1}^{f} \sum_{i=1}^{n} \sum_{j=1}^{m} \ln P(H_{i,j}^s \mid l) \tag{10.7}$$

考虑不同子载波对先验概率的差异性影响,本章提出将不同的子载波赋予不同的权重 $\omega$,该权重值能够有效地帮助提升信号指纹的区分度。本章将计算最大对数和 $M$ 代替最大概率:

$$M = \max \sum_{s=1}^{f} \sum_{i=1}^{n} \sum_{j=1}^{m} \omega_s \cdot \ln P(H_{i,j}^s \mid l) \tag{10.8}$$

最后,该公式被应用到时间窗口 $\tau$ 中的序列包中,最可能的位置估计函数为

$$l^* = \text{Location}(H) = \arg \max_l \prod_{t=1}^{\tau} M_t \tag{10.9}$$

式中:$M_t$——第 $t$ 个数据包的最大对数和。

在离线阶段,本章工作构建权重集合 $W = \{\omega_1, \omega_2, \cdots, \omega_s, \cdots, \omega_f\}$,其中 $f$ 为子载波数量。权重集合能够通过计算各个子载波高斯概率分布的巴氏距离来获

取。假如两个子载波的高斯分布分别为 $V_x \sim N(\mu_x, \sum_x)$ 和 $V_y \sim N(\mu_y, \sum_y)$，这两个分布的巴氏距离[99-100] 为

$$J_B^{x,y} = \frac{1}{8}(\mu_x - \mu_y)^T \left\{ \frac{\sum_x + \sum_y}{2} \right\}^{-1} (\mu_x - \mu_y) + \frac{1}{2}\ln \frac{\left| \frac{1}{2}(\sum_x + \sum_y) \right|}{[|\sum_x| \cdot |\sum_y|]^{1/2}}$$

(10.10)

对于子载波 $s$ 来说，其平均巴氏距离能够通过数据库中所有指纹采样来计算：

$$\overline{J_{B_s}} = \frac{\sum_{x=1}^{N} \sum_{y=1}^{N} J_{B_s}^{x,y}}{N^2}$$

(10.11)

式中：$N$——所有校验的位置数量；

$J_B^{x,y}$——第 $x$ 个位置指纹与第 $y$ 个位置指纹的子载波 $s$ 的巴氏距离。最后，子载波 $s$ 的权重通过归一化后得

$$\omega_s = \frac{\overline{J_{B_s}}}{\sum_{s=1}^{f} \overline{J_{B_s}}}$$

(10.12)

（2）最大相似矩阵（Maximum Similarity Metric，MSM）

欧式距离通常被用来测量空间中两个个体之间的差异性。最小欧式距离是常用的评测指标，其能够在多维空间中测量两个不同点之间的绝对距离。然而 OFDM 系统中 CSI 的高维度特性导致 WBayes 技术具有一定的计算量，为了能够满足低计算量设备无关被动定位需求，本章研究探索利用最大相似矩阵来区分不同的人体位置。假设测量信号的信道响应信号特征向量为 $H = \{h_{i,j}^1, h_{i,j}^2, \cdots, h_{i,j}^f\}$，其中 $l$ 是一个相关的位置，$h_{i,j}^f$ 代表来自第 $i$ 根发射天线与第 $j$ 根接收天线的数据包在子载波 $f$ 上的 CSI 振幅值。未标签 CSI 振幅向量 $H_t$ 与已勘测位置 $l$ 的振幅向量 $H_l$ 所对应的欧式距离为

$$d(H_t, H_l) = \frac{\sum_{k=1}^{L} \sqrt{\dfrac{\sum_{i=1}^{f} (h_t^i - h_k^i)^2}{f}}}{L} \tag{10.13}$$

式中：$L$——第 $l$ 位置处指纹信息数量。

考虑 OFDM 子载波水平上信号衰减的频率相关性，本章引入基于最小欧式距离的向量测量标准。余弦相似度具有最小的计算量，是一种测量向量空间中两个不同向量差异性常用的方法。如图 10.3 所示，在不同位置的信号指纹在 CSI 曲线的欧式距离十分靠近，对区分不同位置的信号指纹是一个挑战。而振幅曲线形状却存在较大的差异性，子载波直接的相关性不同，为此本章提出一个 $f \times f$ 大小的对称方阵 $C$：

$$C = \begin{bmatrix} (h^1 - h^1) & \cdots & (h^1 - h^f) \\ \vdots & & \vdots \\ (h^f - h^1) & \cdots & (h^f - h^f) \end{bmatrix} \tag{10.14}$$

式中：$h$——每个子载波的信道频率响应的振幅值。

该方阵能够有效地保持信道振幅响应曲线的结构，这是一种细粒度区分相似曲线的方法。那么方阵的余弦相似度能够被定为

$$c(H_t, H_l) = \frac{\sum_{k=1}^{L} \dfrac{C_t \cdot C_k}{\| C_t \| \cdot \| C_k \|}}{L} \tag{10.15}$$

$$c(H_t, H_l) \in [-1, 1]$$

最后，人体的最终位置能够通过最大相似矩阵函数来计算获得

$$l^* = \text{Location}(H_t) = \arg\max_l \sum_{i=1}^{n} \sum_{j=1}^{m} \left( \frac{c(H_{t,i,j}, H_{l,i,j})}{d(H_{t,i,j}, H_{l,i,j})} \right) \tag{10.16}$$

式中：$l^*$——融合发射机天线 $i$ 和接收机天线 $j$ 数据包后最有可能人体出现的位置。

# 10.4　实验分析与性能评估

　　在本小节中,将对本章所提出的两种新颖的设备无关被动定位技术进行性能评估。首先,本小节将详述评估工作的实验场地以及相关设备、实验设置;其次,将会展示本章提出的两种定位技术性能以及与 MonoPHY 定位的性能对比;再次,将分别阐述模型中各个主要参数对设备无关被动定位的性能影响;最后,对实验评估结果作出总结和进一步的讨论。

## 10.4.1　实验平台与数据采集

　　(1)实验平台

　　本章实验在两个多径丰富的办公室房间内进行,如图 10.4 和图 10.5 所示。

　　①测试床 1:第一个实验构建在一个办公室的过道处,其过道面积大约为 2.5 m×10 m。一对收发机组摆放在相距 8 m 的位置处,距离地面大约 0.7 m。实验过程中一共设定了 21 个训练位置(红三角点)和 18 个测试位置(绿圆点),如图 10.4 所示。

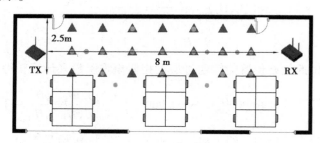

图 10.4　实验测试床 1

　　②测试床 2:在一个大约 40 m² 的办公室内进行,办公室内摆放了大量的办公设备,如桌椅、计算机等。一对收发机组摆放在相距大约 10 m 的位置,距离

地面 1.2 m。实验过程中一共选取了 25 个训练位置(红三角点)作为参考,21 个位置被选定为测试位置(绿圆点),如图 10.5 所示。

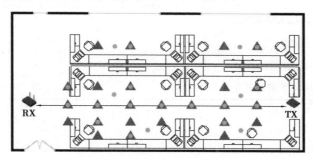

图 10.5　实验测试床 2

在本章的实验过程中,一对收发机组作为一个通信链路。一台 TP-LINK TL-WR741N 无线路由器作为信号发射机(TX),一台迷你计算机作为信号接收机(RX)。迷你计算机中配置了 Intel 5300 商业网卡,运行 32 位 Ubuntu 10.04 操作系统,如图 10.6 所示。接收天线间距为 6 cm,大约为半波长距离。为了能够在商业网卡上获取信道状态信息,iwlwifi 固件被更新替代原有系统固件,iwl-wifi 固件能够从底层获取信道状态信息并上报到上层系统。实验中具体的参数见表 10.1。

图 10.6　带有 3 根天线的迷你计算机作为接收机

表 10.1　实验参数

| 参数 | 默认值 |
| --- | --- |
| 接收机天线数量，$m$ | 3 |
| 发射机天线数量，$n$ | 1 |
| 时间窗口大小，$\tau$ | 6 |
| 采用的子载波数量，$f$ | 30 |

（2）数据采集

在本章实验过程中，信号传输速率设定为每秒 20 个 ICMP 数据包。实验过程使用了两个志愿者分两个阶段进行：离线阶段和在线阶段。在离线阶段，指纹数据库被构建，其中包括一个无人情况下的信号特征和每一个志愿者位于训练位置处的信号特征信息。在采集每一个位置的信号指纹时，志愿者站在训练位置处，接收机持续采集 2 min 信道状态信息，然后计算不同天线上 30 个子载波振幅的均值和方差作为该位置的指纹特征。在在线阶段，志愿者站在测试位置，接收机采集 10 s 的信道状态信息作为测试样本。

## 10.4.2　定位性能对比与分析

如图 10.7 所示展示了本章所提出的两种技术的定位误差累计分布函数，并对比 MonoPHY 性能。从图中可知，MSM 在这 3 种方法中表现出最好的性能，主要是因为高维的信道频率响应振幅向量能够提升信道频率响应振幅曲线的区分性。当窗口内的数据达到 120 个数据包时，其足够计算出准确的振幅概率分布的均值与方差，相比之下，WBayes 算法能够超越 MonoPHY 算法。这主要是因为 WBayes 算法考虑了不同子载波对人体出现的感知能力不同。进一步，MSM 算法相比贝叶斯算法能够花费更少的计算资源，有助于快速实时定位。在 iPil 模型中，更倾向于采用 MSM 算法作为单链路定位核心技术。

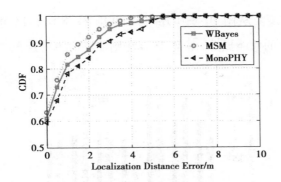

图 10.7　对不同的定位方法的定位误差累计分布

另外,为了对比基于信道状态信息的被动定位与基于 RSSI 被动定位性能,实验过程中 RSSI 从 iwlwifi 驱动[22]中提取,应用到本章所提出的两种算法中来进行对比实验。本章采用两种平均指标:①误报率:检测系统谎称检测到异常事件的概率;②漏报率:检测系统遗漏检测异常事件的概率。相比之下,基于信道频率响应的检测技术能够实现漏报率和误报率接近 0%,而基于 RSSI 的漏报率和误报率大约分别为 4% 和 10%。由此可知,单链路通信条件下,基于 CSI 的被动定位性能要优于基于 RSSI 的被动定位。

## 10.4.3　模型参数对定位性能的影响

在本小节中将讨论分析不同的模型参数对两种定位算法性能的影响。在本章中采用了设备无关被动人体定位中常见的参数,包括接收机天线数量、时间窗口大小、信号传输速率以及采用的子载波的数量。

(1)接收天线数量的影响

如图 10.8 所示为不同接收天线的组合对平均定位误差的影响。本小节实验分别对比了 3 种定位算法的性能。从图中可知,当采用多根天线时其定位性能要远远好于单天线情况。由于无线噪声和多径效应的影响,单根天线的信号是不稳定的。另外,在单收发机组条件下,大量的位置指纹中许多指纹是十分接近和相似的,仅仅利用单根天线很难进行区分。本章采用融合多根天线来取得更好的定位精度。从图 10.8 中还可知,WBayes 算法相比 MonoPHY 算法能够取得将近 20% 的性能提升,而 MSM 算法则能够取得将近 30% 的性能提升。

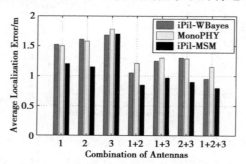

图 10.8　多数量天线结合的提升定位精度

（2）时间窗口大小的影响

如图 10.9 所示,时间窗口大小对定位性能具有一定影响,且随着时间窗口的增大,系统定位系统精度随之提高。对比 WBayes 方法,MSM 方法当时间窗口小于 2 s 的时候会具有较大定位误差。同时图表显示,当时间窗口从 1 s 提升到 8 s 后,定位性能提升近 80%。时间窗口成为定位精度和定位时延直接的平衡,随着窗口大小越大,定位精度越大,定位时延也越大。

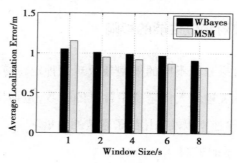

图 10.9　时间窗口大小的影响

（3）信号传输速率的影响

如图 10.10 所示,当传输速率提升后,平均定位误差得到相应的下降。其中,MSM 方法相比 WBayes 方法受传输速率影响更大。较高的传输速率意味着在时间窗口中具有更多的数据包,这有助于提升 MSM 方法。另外,WBayes 方法能够在低速率条件下被选择,该方法能够应用于节点能量受限的条件下,低速率相比高速率能够更加节省节点能量。在本章工作中,接收机不受能量限制,传输速率为每秒 20 个数据包。

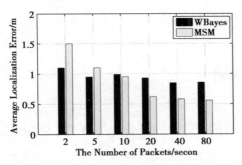

图 10.10　传输速率对定位性能的影响

(4)子载波数量的影响

在加权贝叶斯定位技术中,本章考虑了子载波差异性,并使用巴氏距离来计算每个子载波的权重。在本章工作中,不同的子载波被用来评估子载波数量对被动定位的影响。如图 10.11 所示显示当子载波采用的数目在 15 个子载波以上时,WBayes 方法具有较高的定位精度。

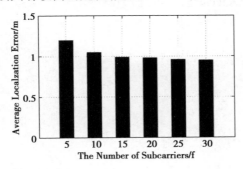

图 10.11　采用的子载波数量对 WBayes 方法定位性能的影响

iPil 模型能够在仅有一组收发机组的情况覆盖较大区域并取得较高的定位精度,其中 WBayes 方法能够取得 0.95 m 的平均定位误差,而 MSM 能够取得 0.8 m 的平均定位误差。之后,本小节分析了不同的参数对定位性能的影响。从实验结果中可知,当采用多个接收机天线相结合的方法后,设备无关被动定位精度得到较大提升。另外,时间窗口大小和传输速率大小对 MSM 定位性能有较大的影响,而对 WBayes 的影响较小。MSM 更加适合用于节点能量不受限制,高传输速率。为了节约能量,可以采用 WBayes 方法,参数可以采用较低的传输速率,较小的时间窗口。

## 10.5　本章小结

在本章中,一个高精度的室内设备无关被动人体定位模型被提出,其能够在单链路通信条件下实现细粒度的人体定位。不同于之前的工作,本章工作充分考虑了信道频率响应中频率性衰减和多载波信道差异性问题。本章工作提出了加权贝叶斯与最大相似矩阵两种人体定位技术。大量的实验对比分析表明,这两种定位技术能够取得较好的定位精度,贝叶斯加权定位精度误差在 0.95 m 左右,最大相似矩阵定位精度误差在 0.8 m 左右。本章的未来工作将针对多人运动情况下的设备无关被动定位展开研究,能够在多链路通信条件下检测、定位和追踪每个人的轨迹。

# 第二部分 参考文献

[1] Yang Z, Wu C, Liu Y. Locating in fingerprint space: Wireless indoor localization with little human intervention[C]//Proceedings of the 18th annual international conference on Mobile computing and networking. 2012: 269-280.

[2] Luhandjula T, Djouani K, Hamam Y, et al. A visual hand motion detection algorithm for wheelchair motion[M]//Human-Computer Systems Interaction: Backgrounds and Applications 2. Springer, Berlin, Heidelberg, 2012: 433-452.

[3] Kemper J, Hauschildt D. Passive infrared localization with a probability hypothesis density filter[C]//2010 7th Workshop on Positioning, Navigation and Communication. IEEE, 2010: 68-76.

[4] Rangarajan S, Kidane A, Qian G, et al. The design of a pressure sensing floor for movement-based human computer interaction[C]//European Conference on Smart Sensing and Context. Springer, Berlin, Heidelberg, 2007: 46-61.

[5] Freitag L E, Tyack P L. Passive acoustic localization of the Atlantic bottlenose dolphin using whistles and echolocation clicks[J]. The Journal of the Acoustical Society of America, 1993, 93(4): 2197-2205.

[6] Liu Y, Yang Z, Wang X, et al. Location, localization, and localizability[J]. Journal of computer science and technology, 2010, 25(2): 274-297.

[7] Zheng X, Yang J, Chen Y, et al. Adaptive device-free passive localization coping with dynamic target speed[C]//2013 Proceedings IEEE INFOCOM. IEEE, 2013: 485-489.

[8] Ni L M, Liu Y, Lau Y C, et al. LANDMARC: Indoor location sensing using active RFID[C]//Proceedings of the First IEEE International Conference on Pervasive Computing and Communications, 2003. (PerCom 2003). IEEE, 2003: 407-415.

[9] Kanso M A, Rabbat M G. Compressed RF tomography for wireless sensor networks: Centralized and decentralized approaches[C]//International Conference on Distributed Computing in Sensor Systems. Springer, Berlin, Heidelberg, 2009: 173-186.

[10] Varshavsky A, De Lara E, Hightower J, et al. GSM indoor localization[J]. Pervasive and mobile computing, 2007, 3(6): 698-720.

[11] Moussa M, Youssef M. Smart cevices for smart environments: Device-free passive detection in real environments[C]//2009 IEEE International Conference on Pervasive Computing and Communications. IEEE, 2009: 1-6.

[12] Mah M. Device-Free Passive Localization[J]. University of Maryland, Department of Computer Science, Scholarly paper. [Online]. http://www. cs. umd. edu/Grad/scholarlypapers/p apers/MatthewMah. pdf, 2007.

[13] Youssef M, Mah M, Agrawala A. Challenges: device-free passive localization for wireless environments[C]//Proceedings of the 13th annual ACM international conference on Mobile computing and networking. 2007: 222-229.

[14] Xi W, Zhao J, Li X Y, et al. Electronic frog eye: Counting crowd using WiFi [C]//IEEE INFOCOM 2014-IEEE Conference on Computer Communications. IEEE, 2014: 361-369.

[15] Wang Y, Wu K, Ni L M. Wifall: Device-free fall detection by wireless networks [J]. IEEE Transactions on Mobile Computing, 2016, 16 (2): 581-594.

[16] Liu W, Gao X, Wang L, et al. BFP: Behavior-free passive motion detection using PHY information [J]. Wireless Personal Communications, 2015, 83 (2): 1035-1055.

[17] 王满意, 丁恩杰. 基于 WSNs 的 RSS 无源被动定位算法评述[J]. 传感器与微系统, 2015, 34(3): 1-3.

[18] Zhou Z, Wu C, Yang Z, et al. Sensorless sensing with WiFi[J]. Tsinghua Science and Technology, 2015, 20(1): 1-6.

[19] Wang J, Gao Q, Wang H, et al. Time-of-flight-based radio tomography for device free localization[J]. IEEE Transactions on Wireless Communications, 2013, 12(5): 2355-2365.

[20] Xu C, Firner B, Moore R S, et al. SCPL: Indoor device-free multi-subject counting and localization using radio signal strength[C]//Proceedings of the 12th international conference on Information Processing in Sensor Networks. 2013: 79-90.

[21] Xie Y, Li Z, Li M. Precise power delay profiling with commodity WiFi[C]// Proceedings of the 21st Annual international conference on Mobile Computing and Networking. 2015: 53-64.

[22] Halperin D, Hu W, Sheth A, et al. Predictable 802.11 packet delivery from wireless channel measurements[J]. ACM SIGCOMM computer communication review, 2010, 40(4): 159-170.

[23] Chizhik D, Ling J, Wolniansky P W, et al. Multiple-input-multiple-output measurements and modeling in Manhattan[J]. IEEE Journal on Selected Areas in Communications, 2003, 21(3): 321-331.

[24] Sen S, Lee J, Kim K H, et al. Avoiding multipath to revive inbuilding WiFi localization[C]//Proceeding of the 11th annual international conference on Mobile systems, applications, and services. 2013: 249-262.

[25] Yang Z, Zhou Z, Liu Y. From RSSI to CSI: Indoor localization via channel response[J]. ACM Computing Surveys (CSUR), 2013, 46(2): 1-32.

[26] Abdel-Nasser H, Samir R, Sabek I, et al. MonoPHY: Mono-stream-based device-free WLAN localization via physical layer information[C]//2013 IEEE wireless communications and networking conference (WCNC). IEEE, 2013: 4546-4551.

[27] Xiao J, Wu K, Yi Y, et al. Pilot: Passive device-free indoor localization using channel state information[C]//2013 IEEE 33rd International Conference on Distributed Computing Systems. IEEE, 2013: 236-245.

[28] Liu Y, Zhao Y, Chen L, et al. Mining frequent trajectory patterns for activity monitoring using radio frequency tag arrays[J]. IEEE Transactions on Parallel and Distributed Systems, 2011, 23(11): 2138-2149.

[29] Zhang D, Zhou J, Guo M, et al. TASA: Tag-free activity sensing using RFID tag arrays[J]. IEEE Transactions on Parallel and Distributed Systems, 2010, 22(4): 558-570.

[30] Han J, Qian C, Wang X, et al. Twins: Device-free object tracking using passive tags [J]. IEEE/ACM Transactions on Networking, 2015, 24 (3): 1605-1617.

[31] Ruan W, Yao L, Sheng Q Z, et al. Tagtrack: Device-free localization and tracking using passive rfid tags [C]//Proceedings of the 11th international conference on mobile and ubiquitous systems: computing, networking and services. 2014: 80-89.

[32] Yang L, Lin Q, Li X, et al. See through walls with COTS RFID system!

［C］//Proceedings of the 21st Annual International Conference on Mobile Computing and Networking. 2015: 487-499.

［33］马帼嵘. 基于 RSS 的无线传感器网络无源被动定位研究与实现［D］. 西安: 西安电子科技大学, 2014.

［34］Zhang D, Ma J, Chen Q, et al. An RF-based system for tracking transceiver-free objects［C］//Fifth Annual IEEE International Conference on Pervasive Computing and Communications（PerCom'07）. IEEE, 2007: 135-144.

［35］Xu C, Firner B, Zhang Y, et al. Improving RF-based device-free passive localization in cluttered indoor environments through probabilistic classification methods［C］//2012 ACM/IEEE 11th International Conference on Information Processing in Sensor Networks（IPSN）. IEEE, 2012: 209-220.

［36］Yang J, Ge Y, Xiong H, et al. Performing joint learning for passive intrusion detection in pervasive wireless environments［C］//2010 Proceedings IEEE IN-FOCOM. IEEE, 2010: 1-9.

［37］Wilson J, Patwari N. Radio tomographic imaging with wireless networks［J］. IEEE Transactions on Mobile Computing, 2010, 9(5): 621-632.

［38］Kaltiokallio O, Bocca M, Patwari N. Enhancing the accuracy of radio tomographic imaging using channel diversity［C］//2012 IEEE 9th International Conference on Mobile Ad-Hoc and Sensor Systems（MASS 2012）. IEEE, 2012: 254-262.

［39］Wilson J, Patwari N. A fade-level skew-laplace signal strength model for device-free localization with wireless networks［J］. IEEE Transactions on Mobile Computing, 2012, 11(6): 947-958.

［40］Zhao Y, Patwari N, Phillips J M, et al. Radio tomographic imaging and tracking of stationary and moving people via kernel distance［C］//2013 ACM/IEEE International Conference on Information Processing in Sensor Networks

（IPSN）. IEEE, 2013: 229-240.

[41] Wei B, Varshney A, Patwari N, et al. drti: Directional radio tomographic imaging[C]//Proceedings of the 14th International Conference on Information Processing in Sensor Networks. 2015: 166-177.

[42] Chen X, Edelstein A, Li Y, et al. Sequential Monte Carlo for simultaneous passive device-free tracking and sensor localization using received signal strength measurements[C]//Proceedings of the 10th ACM/IEEE International Conference on Information Processing in Sensor Networks. IEEE, 2011: 342-353.

[43] Zheng Y, Men A. Through-wall tracking with radio tomography networks using foreground detection[C]//2012 IEEE Wireless Communications and Networking Conference (WCNC). IEEE, 2012: 3278-3283.

[44] Zhang C, Zheng Y, Li Y, et al. Localizing an unknown number of targets with radio tomography networks[C]//The 15th International Symposium on Wireless Personal Multimedia Communications. IEEE, 2012: 326-330.

[45] 刘珩, 王正欢, 卜祥元, 等. 基于传感器网络的无线层析成像方法[J]. 北京理工大学学报, 2013, 33(11): 1155-1160.

[46] 王小雪. 基于无线传感器网络的无源被动式目标定位研究[D].浙江工业大学,2013.

[47] Wang J, Gao Q, Zhang X, et al. Device-free localisation with wireless networks based on compressive sensing[J]. IET communications, 2012, 6(15): 2395-2403.

[48] Wang J, Gao Q, Zhang X, et al. Particle filter based device free localisation and tracking for large scale wireless sensor networks[J]. International Journal of Sensor Networks, 2015, 19(3-4): 194-203.

[49] 刘凯, 余君君, 黄青华. 基于压缩感知的免携带设备双目标定位算法

[J]. 电子与信息学报, 2014, 36(4): 862-867.

[50] Aly H, Youssef M. New insights into wifi-based device-free localization[C]// Proceedings of the 2013 ACM conference on Pervasive and ubiquitous computing adjunct publication. 2013: 541-548.

[51] Seifeldin M, Youssef M. A deterministic large-scale device-free passive localization system for wireless environments[C]//Proceedings of the 3rd international conference on pervasive technologies related to assistive environments. 2010: 1-8.

[52] Eleryan A, Elsabagh M, Youssef M. Synthetic generation of radio maps for device-free passive localization[C]//2011 IEEE Global Telecommunications Conference-GLOBECOM 2011. IEEE, 2011: 1-5.

[53] Kosba A E, Saeed A, Youssef M. RASID: A robust WLAN device-free passive motion detection system[C]//2012 IEEE International Conference on Pervasive Computing and Communications. IEEE, 2012: 180-189.

[54] Sabek I, Youssef M. Multi-entity device-free WLAN localization[C]//2012 IEEE Global Communications Conference (GLOBECOM). IEEE, 2012: 2018-2023.

[55] Sabek I, Youssef M, Vasilakos A V. ACE: An accurate and efficient multi-entity device-free WLAN localization system[J]. IEEE transactions on mobile computing, 2014, 14(2): 261-273.

[56] Seifeldin M, Saeed A, Kosba A E, et al. Nuzzer: A large-scale device-free passive localization system for wireless environments[J]. IEEE Transactions on Mobile Computing, 2012, 12(7): 1321-1334.

[57] Epanechnikov V A. Non-parametric estimation of a multivariate probability density[J]. Theory of Probability & Its Applications, 1969, 14(1): 153-158.

[58] Saeed A, Kosba A E, Youssef M. Ichnaea: A low-overhead robust WLAN device-free passive localization system[J]. IEEE Journal of selected topics in signal processing, 2013, 8(1): 5-15.

[59] Chetty K, Smith G E, Woodbridge K. Through-the-wall sensing of personnel using passive bistatic wifi radar at standoff distances[J]. IEEE Transactions on Geoscience and Remote Sensing, 2011, 50(4): 1218-1226.

[60] Adib F, Katabi D. See through walls with WiFi! [C]//Proceedings of the ACM SIGCOMM 2013 conference on SIGCOMM. 2013: 75-86.

[61] Adib F, Kabelac Z, Katabi D, et al. 3D tracking via body radio reflections [C]//11th USENIX Symposium on Networked Systems Design and Implementation (NSDI 14). 2014: 317-329.

[62] Pu Q, Gupta S, Gollakota S, et al. Whole-home gesture recognition using wireless signals[C]//Proceedings of the 19th annual international conference on Mobile computing & networking. 2013: 27-38.

[63] Sen S, Radunovic B, Choudhury R R, et al. You are facing the Mona Lisa: Spot localization using PHY layer information[C]//Proceedings of the 10th international conference on Mobile systems, applications, and services. 2012: 183-196.

[64] Wu K, Xiao J, Yi Y, et al. FILA: Fine-grained indoor localization[C]// 2012 Proceedings IEEE INFOCOM. IEEE, 2012: 2210-2218.

[65] Zhou Z, Yang Z, Wu C, et al. LiFi: Line-of-sight identification with WiFi [C]//IEEE INFOCOM 2014-IEEE Conference on Computer Communications. IEEE, 2014: 2688-2696.

[66] Wu C, Yang Z, Zhou Z, et al. PhaseU: Real-time LOS identification with WiFi[C]//2015 IEEE conference on computer communications (INFOCOM). IEEE, 2015: 2038-2046.

［67］Wu C, Yang Z, Zhou Z, et al. Non-invasive detection of moving and stationary human with WiFi［J］. IEEE Journal on Selected Areas in Communications, 2015, 33(11): 2329-2342.

［68］Jiang Z, Zhao J, Li X Y, et al. Rejecting the attack: Source authentication for wi-fi management frames using csi information［C］//2013 Proceedings IEEE INFOCOM. IEEE, 2013: 2544-2552.

［69］Xiao J, Wu K, Yi Y, et al. Fimd: Fine-grained device-free motion detection［C］//2012 IEEE 18th International conference on parallel and distributed systems. IEEE, 2012: 229-235.

［70］Zhou Z, Yang Z, Wu C, et al. Towards omnidirectional passive human detection［C］//2013 Proceedings IEEE INFOCOM. IEEE, 2013: 3057-3065.

［71］Wang Y, Liu J, Chen Y, et al. E-eyes: device-free location-oriented activity identification using fine-grained wifi signatures［C］//Proceedings of the 20th annual international conference on Mobile computing and networking. 2014: 617-628.

［72］Ni L M, Zhang D, Souryal M R. RFID-based localization and tracking technologies［J］. IEEE Wireless Communications, 2011, 18(2): 45-51.

［73］Conceição L, Curado M. Onto scalable wireless ad hoc networks: Adaptive and location-aware clustering［J］. Ad hoc networks, 2013, 11(8): 2484-2499.

［74］Patwari N, Wilson J. Spatial models for human motion-induced signal strength variance on static links［J］. IEEE Transactions on Information Forensics and Security, 2011, 6(3): 791-802.

［75］Wen Y, Tian X, Wang X, et al. Fundamental limits of RSS fingerprinting based indoor localization［C］//2015 IEEE conference on computer communications (INFOCOM). IEEE, 2015: 2479-2487.

[76] Seidel S Y, Rappaport T S. 914 MHz path loss prediction models for indoor wireless communications in multifloored buildings [J]. IEEE transactions on Antennas and Propagation, 1992, 40(2): 207-217.

[77] Bello P. Characterization of randomly time-variant linear channels [J]. IEEE transactions on Communications Systems, 1963, 11(4): 360-393.

[78] Zhang J, Firooz M H, Patwari N, et al. Advancing wireless link signatures for location distinction [C]//Proceedings of the 14th ACM international conference on Mobile computing and networking. 2008: 26-37.

[79] Rappaport T S. Wireless communications: principles and practice [M]. New Jersey: prentice hall PTR, 1996.

[80] Kaltiokallio O, Yiğitler H, Jäntti R. A three-state received signal strength model for device-free localization [J]. IEEE Transactions on Vehicular Technology, 2017, 66(10): 9226-9240.

[81] Günther A, Hoene C. Measuring round trip times to determine the distance between WLAN nodes [C]//International conference on research in networking. Springer, Berlin, Heidelberg, 2005: 768-779.

[82] Tepedelenlioglu C, Abdi A, Giannakis G B. The Ricean K factor: estimation and performance analysis [J]. IEEE Transactions on Wireless Communications, 2003, 2(4): 799-810.

[83] Benedetto F, Giunta G, Toscano A, et al. Dynamic LOS/NLOS statistical discrimination of wireless mobile channels [C]//2007 IEEE 65th Vehicular Technology Conference-VTC2007-Spring. IEEE, 2007: 3071-3075.

[84] Sorrentino A, Ferrara G, Migliaccio M. Kurtosis index to characterise near line-of-sight conditions in reverberating chambers [J]. IET Microwaves, Antennas & Propagation, 2013, 7(3): 175-179.

［85］ Saleh A A M, Valenzuela R. A statistical model for indoor multipath propagation［J］. IEEE Journal on selected areas in communications, 1987, 5（2）: 128-137.

［86］ Wang Y, Jiang X, Cao R, et al. Robust indoor human activity recognition using wireless signals［J］. Sensors, 2015, 15（7）: 17195-17208.

［87］ Xiao W, Song B, Yu X, et al. Nonlinear optimization-based device-free localization with outlier link rejection［J］. Sensors, 2015, 15（4）: 8072-8087.

［88］ Patwari N, Kasera S K. Robust location distinction using temporal link signatures［C］//Proceedings of the 13th annual ACM international conference on Mobile computing and networking. 2007: 111-122.

［89］ Qian K, Wu C, Yang Z, et al. PADS: Passive detection of moving targets with dynamic speed using PHY layer information［C］//2014 20th IEEE international conference on parallel and distributed systems（ICPADS）. IEEE, 2014: 1-8.

［90］ Azzalini A. A class of distributions which includes the normal ones［J］. Scandinavian journal of statistics, 1985: 171-178.

［91］ Wang J, Chen X, Fang D, et al. Implications of target diversity for organic device-free localization［C］//IPSN-14 Proceedings of the 13th International Symposium on Information Processing in Sensor Networks. IEEE, 2014: 279-280.

［92］ Papapostolou A, Chaouchi H. RFID-assisted indoor localization and the impact of interference on its performance［J］. Journal of Network and Computer Applications, 2011, 34（3）: 902-913.

［93］ Coulson A J, Williamson A G, Vaughan R G. A statistical basis for lognormal shadowing effects in multipath fading channels［J］. IEEE Transactions on communications, 1998, 46（4）: 494-502.

[94] Dobkin D M. RF engineering for wireless networks: hardware, antennas, and propagation[M]. Elsevier, 2011.

[95] Perahia E, Stacey R. Next generation wireless LANs: 802.11 n and 802.11 ac[M]. Cambridge university press, 2013.

[96] Hartigan JA, Wong MA. A K-means clustering algorithm[J]. Applied Statistics, 1979, 28 (1): 100-108.

[97] Williams C K I, Barber D. Bayesian classification with Gaussian processes [J]. IEEE Transactions on pattern analysis and machine intelligence, 1998, 20(12): 1342-1351.

[98] Savazzi S, Nicoli M, Carminati F, et al. A Bayesian approach to device-free localization: Modeling and experimental assessment[J]. IEEE Journal of Selected Topics in Signal Processing, 2013, 8(1): 16-29.

[99] Choi E, Lee C. Feature extraction based on the Bhattacharyya distance[J]. Pattern Recognition, 2003, 36(8): 1703-1709.

[100] Guorong X, Peiqi C, Minhui W. Bhattacharyya distance feature selection [C]//Proceedings of 13th International Conference on Pattern Recognition. IEEE, 1996, 2: 195-199.